宍道湖・中海の
さかな物語

まえがき

本書は島根県の地元紙・山陰中央新報に２００５（平成17）年5月から07（同19）年2月までの約2年間にわたり、毎週火曜日に連載された「中海の魚たち」と「宍道湖の魚たち」の記事を一冊にまとめたものです。記事の内容やデータが古くなっている場合もありますが、今回は当時の内容のまで出版することにしました。読者の皆さんには、お許しをいただければと思います。

私自身、連載記事を改めて読み、日本シジミ研究所の日常業務をこなしながら、毎週あった原稿締め切りというノルマを果たすために、怠け心にむち打って、必死で頑張ったことを思い出しました。

私たち日本シジミ研究所は、20年以上にわたり、毎月、魚介類調査を行っています。これまでに私たちの調査した魚介類の出現種を見ると、魚類１７０種、甲殻類29種、軟体動物22種、棘皮（きょくひ）動物1種でトータルは２２２種もの種類が確認されています。

全国の河川の中で宍道湖、中海は魚介類の出現種の多様さでナンバーワンです。両湖はわが国の代表的な汽水湖であり、しかも塩分の異なる二つの汽水湖が連結しているため、それぞれの魚種は自らの環境にあった場所を選び、河川、宍道湖、大橋川、中海、境水道、美保湾の水域を産卵や成長に合わせて移動、回遊し、生活しています。そのため、宍道湖と中海には淡水魚、回遊魚、汽水魚、海水魚など他の水域に見られないほど多くの魚介類が生息しているのです。

そこで本書では、宍道湖、中海にどんな魚がすんでいるのか▼その魚はどのような形態をしているのか▼どのような分布、回遊をしているのか▼何を食べているのか▼さらに、どのように子どもを産み、育てるのか▼また、どのように漁獲され、食べられているのか―を漁師さんの話も交えて〝分かりやすく〟まとめ、紹介しています。

私は今、両湖の生態系が再生、修復され、そこに生息する魚たちが戻ってくることを願いつつ、この本を出版しました。そのために本書がいくらかでも役に立てば望外の喜びです。

中村　幹雄

目次

中海の魚たち

（2005年5月10日付から06年4月11日付で連載）

プロローグ

汽水が育てる多様な命

山陰を代表する汽水湖・中海。そこに生息する魚たちを日本シジミ研究所の研究員がわかりやすく解説する「中海の魚たち」を週一回のペースで連載します。

読者の皆さんは、中海には今でも皆さんが考えている以上にたくさんの種類の魚介類が生息しているのをご存じでしょうか。

私たち、日本シジミ研究所の調査では中海に魚類百二十一種（宍道湖六十二）、貝類二十三種（宍道湖三）、エビ・カニの仲間三十種（宍道湖十一）も確認されています。

中海の魚の種類が多いのは中海が汽水湖であり、宍道湖あるいは美保湾から多数の魚が入り込み、生息しているためなんです。

それでは、中海にどんな魚が棲（す）んでいるのか。その魚はどのような形態をし、どのように分布、回遊しているのか。何を食べているのか。さらに、どのように子供を産んで育てているのか。そして、どのように漁獲され、どのように料理すればおいしいのか、できるだけ楽しい話を中心に、私たち日本シジミ研究所の研究員が日ごろのマス網や刺し網、そして潜水調査などで得た結果や中海の漁師さんに教えていただいた話をまとめ、わかりやすく紹介したいと思います。

しかし、近年の人為的な自然改変により中海の生態系は乱れ、特に漁業資源の中で最も大切なサルボウ、アサリ、カキ、ウナギ、ヨシエビ、ハゼなど湖底に棲む生物が激減し、今日の中海漁業はかつての輝きを失い、衰退しています。

この「中海の魚たち」の連載を通して、中海の魚たちに興味を持っていただき、傷ついた中海環境の修復と衰退している中海漁業の再生について考えるきっかけにしていただきたいと思っています。

（中村幹雄・日本シジミ研究所所長）

漁獲量は減ったものの、
今もベテラン漁師によって支えられている中海の漁業

2005年5月10日付掲載

中海十珍プラス1

うまくて7種に収まらず

四月四日付の本紙で決定した「中海十珍プラス１」をご存じでしょうか。

私は選考委員会の座長を務めさせていただきましたが、「うまい」魚があまりに多く、当初の七珍味に収めることができませんでした。

最終的に一般投票で決まったゴズ、サヨリ、スズキ、エノハ、アオデガニ、ウナギ、マガキの七種に加えて、どうしてもモロゲエビ、オダエビ、カワコを入れたいということで七珍味にあらず十珍味でいこうということになりました。

さらに、現在ほとんど漁獲されていませんが、過去の栄光とこれからの中海漁業のシンボルとしてアカガイを二十一世紀の特別枠として加え、十一珍味とすることに決まりました。

それでもなお、選にもれた魚の中には「うまい」魚がまだまだたくさんあり、選考に苦労しました。また、中海の漁師さんがいつも「中海の魚はどこの水域の魚よりもうまい」と言われるのを半信半疑でおりましたが、ここ二、三年、私もマス網や刺し網の調査で捕れた中海の魚を毎月食べ、中海の魚の「うまさ」を身をもって知るようになりました。

例えば「ボラ」など、今までは泥臭くてとても食べられないと思っていましたが、中海のボラは全く臭みがないし、身は赤みを帯びたタイのように美しく、さらにスズキやタイよりも甘くてそれらの味に勝るとも劣らないと思うようになりました。

いずれにしても中海の魚はどの魚も「うまい」ことを読者の皆様に認識していただき、かつ養殖や輸入冷凍の魚でなく、中海の魚を食べてほしいと私は思います。

（中村幹雄・日本シジミ研究所長）

中海十珍を使った料理の数々
（写真は日本シジミ研究所提供）

2005年5月17日付掲載

ヒイラギ（エノハ）

美しい白身　吸い物が最高

名前は樹木の疼木（ひいらぎ）の葉に似ていることから、地方名のエノハは榎（えのき）の葉に似ていることから付けられました。ヒイラギの体は銀白色で平たく、体高が高く、楕円（だえん）形をしており、背びれの棘（とげ）は硬くて鋭く、体は粘液で覆われます。

主として中海の砂泥底を群泳して生活し、通常産卵時期は五月から八月、冬場は美保湾へと移動します。そして餌は前下方に伸びる特殊な口で底生動物の甲殻類や貝類を食べています。

この魚は面白いことに釣り上げたときに上あごと顎骨を摩擦してグィグィと鳴き、また食道部に寄生する発光性バクテリアの発光によって光を出すことのできる珍しい魚です。

また骨が硬く、小さく、身が薄いうえに、背びれに硬い棘があるため、全国的にはあまり評価されていません。しかし、不思議なことに中海は中海十珍味の中でも高い評価を得ています。

地元では「エノハ釣り」は人気が高く、初夏のエノハ釣りの舟で中浦水門付近は大変なにぎわいです。岸から釣りを楽しむ家族連れも多くいます。またヒイラギの身は美しくしまった白身で骨離れがよく上品な味なので、淡口の吸い物にすると最高です。

漁師さんはヒイラギの体表の粘液はうま味を増すので、粘液は取り除かないで調理するのが大事と言っています。白焼きにしてみりんじょうゆでつけ焼きしながら食べても酒が進みます。

これまで食べたことのない人はぜひ一度食べてみてください。

（日本シジミ研究所・森久拓也研究員）

ヒイラギ（写真は日本シジミ研究所提供）

2005年5月24日付掲載

サヨリ

下あご突出〝細身の娘〟

サヨリは中海十珍の一つに選ばれました。

背が銀青色、腹が青白く透明な細長い美しい姿をしており、「和装をしたやせぎすの日本娘」と例える魚の研究者もいます。

そして本種の最大の特徴は、下あごが極端に突き出ており、その下側が朱色をしていることです。なぜ、下あごだけがこんなに長いのかはよく分かっていません。

日本各地の沿岸、内湾、汽水湖の流れの緩やかなところに生息し、普段は水面近くを小さな群れをなしてゆっくり泳ぎながら動物プランクトンを食べています。そして驚くと水面を一メートル以上もジャンプしながら逃げます。

大型のものは全長四〇センチにもなり、約二年で成熟し、春から夏にかけて岸辺の海藻に卵を産み付けます。中海には初春、美保湾から産卵のために入ってきます。

このころ、中海周辺ではサヨリ専用の刺し網が仕掛けられ、防波堤はたくさんのサヨリ釣りの人々でにぎわいます。サヨリを狙う釣り人を称して「サヨリスト」と呼ぶそうです。

サヨリは糸作り、すし種、わん種として、すし屋や小料理屋などでも重宝されています。いずれの料理でも、背の銀色の光を失わないように真水を使わないで塩水に漬けておくこと、鮮度落ちが早く、わたやけを起こしやすいので手早くはらわたを抜くことが重要です。腹側が茶褐色のものは、わたやけをしているので避けましょう。

また、中海には本種のほかにクルメサヨリが分布しています。クルメサヨリは、本種より小型で全長二〇センチ程度にしかなりません。下あごがサヨリよりもさらに長く、下あごの下側が黒色をしているので本種と判別ができます。

(日本シジミ研究所・鷲海智佳研究員)

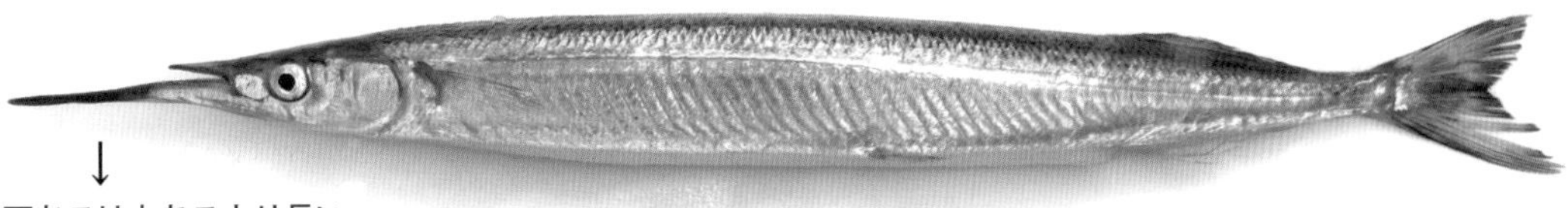
↓
下あごは上あごより長い
下あごの下面は赤い

サヨリ

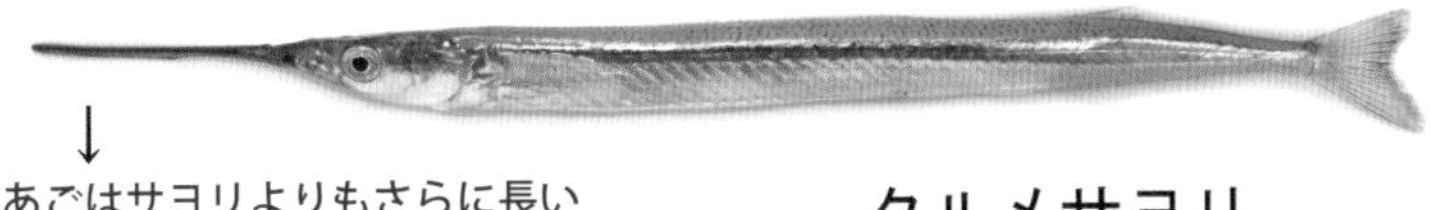
↓
下あごはサヨリよりもさらに長い
下あごの下面は黒い

クルメサヨリ

(写真は日本シジミ研究所提供)

2005年5月31日付掲載

アサリ

身が充実 濃厚な味わい

干潟や砂浜などの「浅場に棲(す)んでいる」ことから、また「漁(あさ)って獲(と)る」ところからアサリと名付けられました。

本種の貝殻の模様は、白色、波線、放射状紋、三角模様など、二枚貝の中でもっともバラエティーに富んでいます。模様がぼやけたり、全体的に茶色っぽくなっているものは鮮度が落ちている証拠です。お買い求めの際にはご注意ください。

食において日本人とアサリの関係は古く、縄文時代にまでさかのぼります。日本各地の貝塚から、たくさんのアサリの貝殻が発見され、古代の人々が焼いて食べていたことも分かっています。

現在も日本各地で漁獲されており、食卓にアサリが並ぶことも多いのではないでしょうか。アサリは、古代から現在まで日本の食生活に欠かすことのできない貝類のひとつと言えるでしょう。

しかし近年、全国的に漁獲量が減っています。たくさん獲りすぎたため、開発により漁場環境が変化したためなどと言われていますが、詳しい理由は分かっていません。韓国、中国などから輸入することで、国内需要を賄っています。

中海のアサリは、中海の豊かな自然が生み出す豊富なプランクトンをたっぷり食べているため、輸入アサリに比べると身がきっちりと入り、味が濃厚で「潮汁」「酒蒸し」「バター炒(いた)め」などに最高です。

中海のおいしいアサリを増やすことによって、中海漁業が再び元気になることが期待されます。そのためには、貧酸素対策、浅場造成などによる中海の底質環境改善が大切なのです。

(日本シジミ研究所・小林亜也子主任研究員)

アサリ(上)とアサリの潮汁(写真は日本シジミ研究所提供)

2005年6月7日付掲載

母の胎内から子魚誕生

ウミタナゴ・アオタナゴ

ウミタナゴは、淡水魚のタナゴと区別するためにこの名がついたと言われています。

ウミタナゴの体は楕円（だえん）形で平べったい形をしており、この形は淡水魚のタナゴにもよく似ています。

中海ではウミタナゴとアオタナゴの二種類が見られます。この二種は一見よく似ていますが、腹びれ全体が黒いか、腹びれの付け根に黒い点がある方がウミタナゴ、腹びれに黒点がなく、尻びれの付け根に黒い線がみられるのがアオタナゴです。中海周辺では、ウミタナゴは中浦水門より外側の境水道に多く、アオタナゴは水門より内側で多く見られます。

ウミタナゴ・アオタナゴは共に、魚類の中では子どもの産み方が変わっており胎生魚として有名です。それは、一般的な魚のように卵と精子を水中に放出して受精させるのではなく、胎内で受精をして人間のように子どもを産むことです。母親の胎内で孵化（ふか）した子魚は親から栄養分をもらって成長し、親と同じ姿で産出されます。交尾は十、十一月に行われ、五、六月の産出時には約五センチもの大きさになっています。一回に産まれる子どもの数は十～七十匹で、これは魚類の中ではかなり少ない部類に入ります。

ウミタナゴは東日本では釣りの対象魚としても人気があり、東北地方では安産の魚として珍重されています。

ウミタナゴの身は白身で柔らかく、煮付けにしておいしい魚です。また、塩焼きや干物にも向いています。ぜひ一度食べてみてください。

（日本シジミ研究所・鶯海智佳主任研究員）

魚類としては珍しい胎生魚のウミタナゴ
（写真は日本シジミ研究所提供）

2005年6月14日付掲載

サッパ

漁業資源として利用を

サッパは、中海ではカワコ、瀬戸内ではママカリと呼ばれています。

サッパの名は、コノシロより「サッパリした味」ということから付けられたと言われています。

北海道以南の日本各地に分布し、河口、内湾、沿岸の浅場の砂泥近くに生息し、主に動物プランクトンを食します。体長一五センチ余りのサッパは、体が著しく側扁し、背部は青灰色、腹部は銀白色、全体に金属のような輝きの美しい魚です。

中海で、春から夏にかけて浮遊卵を産み、夏には群をなして大橋川を通り宍道湖に回遊していき、そして冬の訪れと共に再び中海に帰って来ます。

岡山名物のママカリ寿司（すし）は、サッパを姿寿司、押し寿司にしたものですが、寿司だねのほかに酢の物、みりん干しにしたものも土産物として珍重されています。

しかし、宍道湖・中海ではサッパの評価は低く、特に宍道湖では大量に漁獲されるものの食卓にのることなく湖に投棄され、カモメの餌になることもあります。同じ魚でも、岡山県と島根県でのこの大きな価値の違いに驚かされます。

私は先日、研究所の調査で漁獲した新鮮なサッパを試食しましたが、正直なところそのうまさに驚きました。そしてこんなうまい魚を漁業資源として利用しないのは、実にもったいない話だと思いました。

なお、先頃の中海十珍の選考会においてベテラン漁師の強い要望と、今後、多くの人々にサッパを少しでも多く食べてもらいたいという選考メンバーの気持ちから、最後に中海の十珍に選ばれました。

（日本シジミ研究所・中村幹雄所長）

サッパ。写真下右はサッパの刺し身、
同左は柚庵（ゆあん）漬け
（写真提供は日本シジミ研究所）

2005年6月21日付掲載

コノシロ

酢締めが美味な出世魚

コノシロはサッパと同じくニシン科に属する種で、新潟、宮城県以南に分布し、主に内湾や内海、汽水域に生息しています。体は側扁し、背側は青海色、腹側は銀白色で体長は二〇センチになります。一年で成熟し、産卵期は三～六月ごろです。

サッパとよく似ていますが、コノシロは、写真のように①背びれの最後の軟条が糸状に長く伸びている②胸びれの基部上方に黒斑がある③体側に小黒点があり、六、七本の点列となっている―といった特徴から容易に判別ができるでしょう。

また、東京では体長四、五センチのコノシロはシンコ、一〇～一五センチはコハダ、それ以上の大きさはコノシロと呼ばれています。このように成長とともに名前のかわる魚は出世魚といわれています。

古くから、江戸前寿司（すし）の光り物の寿司だねとして最も人気があるのはコハダです。一方、残念ながら島根県の寿司屋さんで本種の寿司を見たことがありません。しかし私はサッパ同様、調査で採捕した新鮮なコノシロを、若い研究員と共に刺し身や塩焼きなどで賞味していますが、コノシロの持ち味を生かすのはやっぱり酢締めが一番のようです。酢締めにするとコノシロの小骨も気にならなくなります。

宍道湖では例年五、六月になると数万尾のコノシロの死魚が浮かび、その悪臭などが大きな社会問題となっています。このように宍道湖におけるコノシロの大量へい死は、宍道湖の環境の悪化やイメージダウンにもつながります。

大量へい死の原因については貧酸素説、産卵による衰弱説などいろいろありますが、原因の究明のためには、まずこの水域におけるコノシロのしっかりとした生態調査が必要だと考えています。

（日本シジミ研究所・中村幹雄所長）

コノシロ
（写真は日本シジミ研究所提供）

2005年6月28日付掲載

ワタリガニ（アオデガニ）㊤

遊泳脚でスイスイ移動

中海には大型のカニ、タイワンガザミとガザミが生息していますが、この二種はワタリガニ科に属するため両種とも一般にはワタリガニと呼ばれています。

写真のように、最後の脚、第四脚が平べったく、オールのように使って泳ぐのに有利な形になっています。このため、第四脚を遊泳脚と呼んでいます。そしてこの遊泳脚を使って他のどのカニより上手に泳ぎ回り、あちこちと渡り歩くことからワタリガニと名づけられたそうです。また、中海では巨大なハサミを持ち、そのハサミが美しい青色をしているためアオデガニと呼ばれています。

ワタリガニは九～十一月に脱皮したあとの殻の軟らかいときに交尾し、雌は精子を貯精のうの中に蓄え、深いところで越冬します。

そして五、六月ごろ、一回目の産卵を、七、八月には二回目の産卵を行います。卵は小さい（〇・三ミリ）けれど、大変多く約二百万粒生まれます。しかし、その多くは他の魚に食べられたりして、生き残って親ガニになるのは、ほんのわずか。そして卵を産むと大半は死んでしまいます。寿命は二年足らずです。

タイワンガザミとガザミは形も生態も非常によく似ているのでワタリガニとして一緒に説明してきましたが、最後にこの二種を見分けるコツを教えましょう。

その一は、写真の①のように額の門にある棘（とげ）の数がタイワンガザミは四本、それに対してガザミは三本です。そして②のようにハサミ脚の長節の前縁に並んでいる棘の数がタイワンガザミでは三本、ガザミでは四本です。

来週も引き続いてワタリガニについての話をします。

（日本シジミ研究所・中村幹雄所長）

タイワンガザミの雄（写真は日本シジミ研究所提供）

2005年7月5日付掲載

ワタリガニ（アオデガニ）㊦

卵巣とみそが特に美味

中海の大根島（八束町）では昔、子どもたちが岸辺に泳ぐワタリガニ（アオデガニ）を網ですくって、かまどの火で焼いておやつ代わりに食べたそうです。

子どもでも簡単に捕れるほどたくさん生息していたワタリガニ。中海十珍にも堂々と選ばれました。今回は少し趣向を変えて、Q&A方式で話を進めます。

Q　雄・雌を判別する方法は？

A　白い腹側に、俗に「かにのふんどし」と呼ばれる三角の部分があります。この部分が丸くて広いのが雌、長く狭いのが雄です＝写真。

Q　ゆでると赤くなるのはなぜでしょうか？

A　少し、難しいのですが、色素カロテノイドと蛋白（たんぱく）とが結合した複合体のカロテノイドプロテインの結合が加熱のため切れて赤色色素のアスタキンサンチンが遊離するためです。

Q　良いカニを選ぶコツは？

A　まず同じ大きさであれば手ごたえのある重いものを選ぶこと。ふんどしのゆるんでいないもの、そして卵巣を食べたかったら雌を選ぶことです。

Q　料理方法は？

A　卵巣、みそ（中腸腺）は特に美味で珍重されます。塩ゆでにして食べます。また、殻が軟らかく、殻からうま味が出るのでぶつ切りにしてなべ物や、みそ汁にしても喜ばれます。この種のカニは寿司（すし）種になることはありませんが、寿司との相性が良いのか、このみそ汁は回転すし屋さんなどで定番となってきています。

◇

中海はもとより、全国的にも資源量の減少が著しく、冷凍した輸入物がほとんどになってしまいました。私たちはこの貴重なワタリガニを中海でいつまでも子や孫が食べられるように残しておいてやりたいと思います。

（日本シジミ研究所・中村幹雄所長）

ワタリガニ（写真は日本シジミ研究所提供）

2005年7月12日付掲載

ウナギ㊤

江戸期から大阪へ直送

ウナギは古くから夏バテ解消に効果があるといわれてきました。ウナギには良質の脂肪ばかりでなく、ビタミンB、ビタミンA、ビタミンEなど、食欲増進、疲労回復に役立つ栄養素が多く含まれているためといわれています。

日本人ほどウナギ好きな国民はいないようです。ウナギの消費量は世界で最も多く、年間約十三万トンを食べています。しかし、外国産が約十一万トン（85％）とほとんどを占めます。国内産は約二万トン。さらに天然産は悲しいことに六百トン（0・5％）しかありません。

ウナギは何といっても蒲焼（かばやき）、ウナギ丼につきると思いますが、関西と関東では料理法が異なります。関東では背開きにして、蒸してから付け焼きしますが、関西では腹開きにして、蒸さずにそのまま付け焼きします。この関西風の焼き方は出雲から始まったともいわれています。

中海のウナギは江戸時代のころから近年まで中海漁業としては最も重要なものでした。

当時、中海産は大阪で大変な人気があり、生きたまま大阪まで運んでいました。ウナギかごをつるしたてんびんを屈強な男たちが担ぎ、安来から山路を備中高梁まで運び、あとは川を舟で下り、海路大阪へ。大変な労力と日数をかけました。

しかし、近年は中海のウナギも激減し、養殖ウナギや輸入ウナギがほとんどになってしまいました。中海の十珍にウナギが選ばれたのも中海に天然のウナギが再び増え、昔のように中海産を食べたいという皆の気持ちからと思われます。

二十八日は「土用の丑（うし）の日」です。

（日本シジミ研究所・中村幹雄所長）

天然ウナギを使ったうな重
（写真は日本シジミ研究所提供）

2005年7月26日付掲載

ウナギ㊦

産卵はフィリピン海溝

ウナギはいわゆるウナギ形といわれるように細長く、筒状の体をしています。うろこは体表には見えませんが、実際には皮膚の下に小さなうろこが埋没しています。また体表は大量の粘液で覆われ皮膚呼吸もできるので、その長い体を上手に使ってぬれた地面にはい上がり、川とは直接連続してない山間のため池などにも進入し、生息していることもあります。

ウナギの産卵生態は謎に包まれており、産卵場については全くの手掛かりがなかったので、古代ギリシャ時代にはウナギは「泥の中から自然に発生する」と信じられ、わが国では「山芋変じてウナギになる」との伝説もあります。

長い間、謎に包まれていたウナギの産卵場も近年になってやっと多くの研究者の調査によってわずかですが解明されてきました。

日本のウナギの産卵場は日本から三千キロメートル南のフィリピン海溝付近と推定されています。ここで「レプトケファルス」と呼ばれる柳の葉の形をした透明なウナギの幼魚が採集されたことで、同海溝の深いところで産卵しているのだろうといわれています。

そのレプトケファルスは黒潮に乗って成長しながら太平洋を渡る長い長い旅を続け、やっと日本の沿岸にたどりつきます。そのときはウナギの形をしているものの、色素がないシラスウナギです。川に上ると体色も透明から黒く変わるのでクロコと呼ばれるようになります。川や湖沼で五年から十年を過ごして川を下り、海に、そして生まれ故郷のはるかかなたのフィリピン海溝まで大旅行をします。

大変残念なことに、現在は南の海からやってくるシラスウナギの数が激減してしまいました。また中海・宍道湖も昔ほどウナギがとれなくなりました。

（日本シジミ研究所・中村幹雄所長）

ウナギかごに入った天然ウナギ
（写真は日本シジミ研究所提供）

2005年8月2日付掲載

スズキ㊤

釣りの対象魚として最高

スズキは日本各地の沿岸に分布しますが、河川河口域、汽水湖、時には淡水域にも入ることがあります。体の背側は灰青色、腹側は白色であり、幼魚には背側に小黒点があります。全長一メートル余りにもなる大型魚です。

スズキは成長が非常に速く、成長にあわせて呼び名が変わる出世魚です。中海・宍道湖では二〇センチぐらい（一年魚）をセイゴ、五〇センチまで（二年魚）を中ハン、約五〇センチ以上（三年魚以上）をスズキと呼んでいます。また、成長にあわせ、あるいは季節にあわせて生息場所を海水域から淡水域まで移動する回遊魚です。

美保湾の沿岸部で冬十一月から二月の間に産卵が行われ、ふ化した稚魚は約二カ月間、浮遊生活をしたあと、春になると中海に入ります。六月ごろに一〇センチ前後に成長した幼魚は大橋川を遡上（そじょう）して宍道湖に入り成長して、秋が深まり水温が下ってくると再び大橋川を通って中海へ、そして美保湾へと移動し越冬します。

スズキは肉食性であり、主としてオダエビなどを食し、大きくなるとエビ類や小型の魚、ワカサギやシラウオなどを捕食します。

スズキは高級食材として漁獲されるばかりでなく、最近は釣りの対象魚として人気抜群です。特にルアー釣りは若者に好まれています。県庁所在地のど真ん中で一メートルに近いスズキが釣れることは松江市民の誇りです。

そして夏の夜、大橋川の橋の上から釣り糸を垂らしている情景は松江の懐かしい風物詩でもあります。釣り糸に掛かったとき、猛烈に暴れ、水面上に跳んだり、ときには切れ味鋭いえらぶたの棘（とげ）で釣り糸を切ることもあります。これをスズキのエラ洗いといいます。このような豪快さがスズキ釣りの大きな魅力だと私の釣り好きな友人がよく話しています。

（日本シジミ研究所・中村幹雄所長）

調査で捕れた大きなスズキ
（写真は日本シジミ研究所提供）

2005年8月23日付掲載

スズキ(下)

有名料理書も名物に推す

スズキの語源は「すすきたるような白身」という意味。まるですすぎ洗いしたような美しい白い身であることから名付けられたといわれています。古来より親しまれ「古事記」などにもその名が出ており、古書によると、平安時代には天皇の、江戸時代には将軍の食卓にも上ったそうです。また古事記には大和朝廷と出雲朝廷とが和合した祝宴に供されたと記されています。きっとこの当時からスズキは一級の食材だということです。

また、料理書として有名な「美味求真」では、「万国一致したるスズキの名所は雲州の松江湖(宍道湖)推さざるべけんや」と日本では宍道湖・中海のスズキが最も有名であると紹介されています。

スズキは白身魚の少ない夏場の刺し身魚として貴重なものです。そして生きのよいものは何といってもまず洗いで食べたものです。洗いはごく薄く切り、氷水で身がはぜてしっかりするまで洗い、器に砕き氷を敷いてその上に盛りつけ、おろしわさびを添えます。これで夏の味を楽しめます。

忘れてならないのは松江の名物スズキの奉書焼です。奉書焼は松江の漁師たちが、たき火の灰に丸のまま入れ、蒸し焼きにして食べているとき、藩主の松平治郷が通りかかり所望したので、灰まみれでは恐れ多いと奉書に包んで献上したのが始まりといわれています。

一般的にスズキの旬は夏ですが、この奉書焼は十一月から二月の産卵まで腹に子を持ち脂の乗っているころが最高です。

このように宍道湖では昔からスズキの伝統料理が引き継がれ、宍道湖七珍の中でも代表格ですが、中海においても宍道湖に劣らず重要な漁業資源となっており、中海十珍に高得点で選ばれました

(日本シジミ研究所・中村幹雄所長)

上はスズキの「奉書焼」、下は「あらい」(左)、「姿造り」(右)
(写真は日本シジミ研究所提供)

2005年8月30日付掲載

アカエイ

珍味の煮こごりとヒレ

アカエイの体は、ひし形に近く、腹面は白色で黄色く縁取られています。ヒレを波打たせてヒラヒラと底を泳ぎ、底生性の甲殻類やゴカイ、魚類などを食べ、最大で全長が一・五メートルにまで達するものもあります。

特徴として、長くむちのような尾を持つことが挙げられます。尾の中央付近には大きな棘（とげ）が一、二本あり、この棘には神経毒があります。刺されると大人でも二、三日は寝込むほど強力なもので、時には死に至ることもあり、取り扱いには注意が必要です。

アカエイは本州中部以南、東シナ海などに分布しています。中海では全域で見られ、本庄地区で多く捕獲されるようです。夏になると宍道湖にまで入ってくることもあります。アカエイは卵胎生で、五～八月に体の幅が一〇センチほどの親と同じ形をした子どもを産みます。

エイやサメの仲間は肉中にアンモニアを含むため腐りにくく、昔は山間部の人々の保存食として利用されてきました。

アカエイはエイ類の中でも最も美味だといわれています。エイの料理で代表的なものは煮こごりで、これは肉中のコラーゲンが熱を加えられることでゼラチン質に変化したものです。他にも煮物や味噌（みそ）汁、空揚げ、湯引きにして味噌で食べるほか、ヒレはみりん干しにされます。

また、中海にはアカエイのほかにツバクロエイというエイも見られます。ツバクロエイは写真のように、横に幅広く尾が短い面白い形をしています。

（日本シジミ研究所・鷺海智佳主任研究員）

エイ（写真は日本シジミ研究所提供）

2005年9月27日付掲載

マゴチ

容姿は悪いが、味は絶品

英名ではフラット・ヘッド（平たい頭）と言われるように上から押しつぶしたような平たい頭が本種の特徴です。

コチの語源は魚の形が平たく細長い笏（こつ）の形に似ているためといわれています。笏は宮司が儀式のとき右手に持つ細長い「手板（しゅはん）」のことです。

背面は小さな硬い鱗（うろこ）で覆われて褐色であり、腹部は黄白色を帯び、下あごは上あごよりやや突き出ています。全長は五〇センチくらいまで成長することがあります。

本種は北日本には少なく、本州中部以南に分布しています。主として内湾の深さ十メートル以内の砂泥底の砂中に細い目だけを出して潜み、小魚とかエビ・カニ類が近寄るのを待っていて、近寄ってくるとひとのみにします。泳ぐときも湖底を這（は）うようにして移動します。春から夏にかけて浅い所で産卵します。

中海では夏を中心に主として刺し網で漁獲されます。

容姿は決して良いとは言えませんが、その味は絶品です。特に、夏に生締めにした洗いは涼味満点であり、スズキとともに夏の白身魚として高い評価を得ています。

また、本種は白身で甘味があり硬く締まっているので、フグのように透き通るほどの薄作りにした刺し身はもみじおろしで賞味されます。冬場はチリ鍋がいけます。肉は締まり、「フグチリ」に匹敵するほどのおいしさです。

コチの頭は骨ばかりで食べるところがないように見えますが、両頬（ほお）に身があり、それが非常においしく「コチの頬身」として古来より食通の好むところです。皆さん、一度ぜひ試してみてください。

（日本シジミ研究所・中村幹雄所長）

マゴチ（写真は日本シジミ研究所提供）

2005年10月4日付掲載

ハゼの仲間

中海や宍道湖にはたくさんのハゼ類が生息しています。今回は中海や宍道湖で主に見られるハゼ十八種を写真で紹介します。次回からは中海に生息する主なハゼについてお話しします。

（日本シジミ研究所主任研究員・森久拓也、鴛海智佳）

シロウオ　全長5cm　宍道湖～中海

ドロメ　全長15cm　中海～境水道

スジハゼ　全長10cm　宍道湖～境水道

ミミズハゼ　全長8cm　宍道湖～中海

アゴハゼ　全長8cm　中海～境水道

ゴクラクハゼ　全長8cm　主に宍道湖

アベハゼ　全長5cm　中海

ウロハゼ　全長20cm　宍道湖～中海

アカオビシマハゼ　全長7cm　中浦水門～境水道

ニクハゼ　全長6.5cm　主に中海

マハゼ　全長25cm　宍道湖～中海

シモフリシマハゼ　全長10cm　宍道湖～中海

ビリンゴ　全長7cm　主に中海

アシシロハゼ　全長9cm　宍道湖～中海

ヌマチチブ　全長15cm　主に宍道湖

シンジコハゼ　全長6cm　宍道湖

ヒメハゼ　全長8cm　中海～境水道

チチブ　全長12cm　主に中海

（写真は日本シジミ研究所提供）

2005年10月18日付掲載

春先の湖底に「産卵室」

マハゼ㊤

中海・宍道湖には前回紹介したように約二十種のハゼ科の魚が生息していますが、その中で大型でおいしく、ハゼ釣りの対象として親しまれているのがマハゼです。この地方では「ゴズ」の愛称で親しまれています。

　本種は全国各地の沿岸や内湾、汽水湖、河口域の砂泥質に生息しています。

　目から口先までが長く、上あごが下あごよりやや前に突き出た、いわゆるキツネ顔をしています。また体色は淡灰色で、腹から後ろの体側の下半分のところが銀白色に反射して光って見えるので、他のハゼ科の魚たちと判別することができます。

　中海のマハゼは成長に合わせて中海と宍道湖を移動（回遊）して生活しています。水温の下がる十二月ごろに徐々に大橋川を通って中海へと移動します。

　中海に帰ってくると産卵のための準備を進め、一月から四月にかけて産卵すると言われています。産卵期のマハゼは頭部の腹面や腹ビレに黒色素が多くなり、全体が黒っぽくなります。

　産卵は中海の底の砂泥に作られた産卵室で行われます。産卵室は入り口が二つあり、孔道（こうどう）が斜めに掘られ、二つが中で一つになり、さらに深部に向かっています。その形からY字形孔道と言います。

　産卵室には雄と雌が一匹ずつ入り、孔道の内壁に卵を産みつけます。卵は水温一三度では約一カ月もかかって孵化（ふか）します。

　孵化した子魚は約五ミリしかなく、子魚期は浮遊生活をしています。一八ミリ前後に成長すると、湖の底へ生活の場を移してゴカイなどの底生生物や珪藻（けいそう）などを雑食します。そして宍道湖には水温の上昇する五月ごろ大橋川を通って溯上（そじょう）します。

　次回もマハゼについて紹介する予定です。

（日本シジミ研究所・中村幹雄所長）

マハゼ（写真提供は日本シジミ研究所）

2005年10月25日付掲載

マハゼ（下）

上品な味 十珍のトップ

マハゼこそが中海・宍道湖を代表する魚であり、かつ汽水湖を象徴する魚です。中海十珍の中でもトップで決定されました。

私もマハゼが大好きですので、研究所の調査船の一つに「ハゼ丸」と名をつけています。

ハゼ釣りで釣られているハゼはほとんどが本種です。釣りの腕の良しあし、老若男女を問わず、また中海・宍道湖の岸のどこでも容易に釣ることのできる庶民の釣りとして親しまれています。

マハゼは姿、顔に似合わず、白身であっさりとした、また歯ごたえのある上品な味がするため、どんな料理にも合います。

釣ってきた生けハゼは三枚におろして細づくりにするか洗いにし、おろしわさびで食するとプリンとした歯ごたえがしておいしいです。

てんぷらは江戸前のてんぷら種として古くから評価が高く、空揚げは料理が簡単でかつおいしいので子どもたちにも人気があります。姿のまま素焼きにし、昆布じめ、南蛮漬け、甘露煮にするのもまたよいものです。

中海漁協では、昔から大量に漁獲された本種を軽く焼いて、風で乾かした焼きハゼを生産加工していました。

しかし近年、中海でのマハゼの漁獲量は激減し、今年も中海漁協で焼きハゼにするハゼが集まらず、いまだに焼きハゼの加工ができない状況で皆が心配しています。

比較的、環境変化や富栄養化に対しても強いマハゼの生息量が減少することは、中海や宍道湖の生態系が乱れてきたことを意味すると思います。

早急にマハゼ資源の減少した原因の究明と対策が必要だと思います。

（日本シジミ研究所・中村幹雄所長）

中海で捕れたマハゼ。写真下左はてんぷら、右は細づくり
（写真は日本シジミ研究所提供）

2005年11月1日付掲載

ウロハゼ

〝穴ゴズ〟漁師も味絶賛

中海や宍道湖で見られるハゼの中で、マハゼと並んでひときわ大きくなるのがウロハゼです。ウロハゼは全長が最大で二〇センチになります。一見、マハゼの太ったもののようにも思えますが、よく見ると顔が大きく下あごが上あごよりも大きく前に突き出している独特な風ぼうをしています。また、体側に数個の大きな五つの黒斑があること、うろこが大きいことなどでマハゼと見分けることができます。

ウロハゼは内湾や河口域、汽水湖の砂泥域に生息しており、中海や宍道湖では夏から秋にかけてほぼ全域で見ることができます。

ウロハゼの名は、行動が鈍いことを意味する「虚（ウロ）」、または「洞（ウロ）」に入るハゼということから付けられたといわれています。本種はその名の通り、普段はあまり動かずに岩のすき間や沈木の陰などに潜み、小魚や甲殻類などを捕食します。ウロハゼは、中海では穴ゴズと呼ばれています。

マハゼが冬から春にかけて湖底の泥の中に穴を掘って産卵するのに対し、ウロハゼの産卵期は夏で、自然の岩のすき間などに雌雄が入って産卵します。その後は石に産み付けられた卵が孵化（ふか）するまで雄が世話をします。こうしたウロハゼの産卵習性を巧みに利用したハゼつぼ漁という漁法が岡山ではあるそうです。

ウロハゼは大変おいしく、地元中海の古い漁師さんは「ウロハゼの空揚げはオニオコゼよりもうまい」と絶賛しているほどです。

（日本シジミ研究所・鴛海智佳主任研究員）

下あごが上あごより
大きく突き出る
5つの黒斑がある

ウロハゼ（写真は日本シジミ研究所提供）

2005年11月8日付掲載

塩分濃度で「すみ分け」

チチブ属4種

　中海の湖岸から水の中をよく見ると、岩や石の上などに黒っぽい色や縞（しま）模様の入った小さなハゼをたくさん見ることができます。これらのハゼを地元ではボッカ、ゴリンチャ、クロゴズなどと呼んでいます。中海で見られるこのようなハゼは、ほとんどがチチブやシモフリシマハゼです。

　チチブやシモフリシマハゼには同属のよく似た仲間がいます。チチブによく似ているのはヌマチチブ、シモフリシマハゼによく似ているのはアカオビシマハゼです。つまり、中海や宍道湖には外見のよく似たチチブ属の仲間が四種生息しています。アカオビシマハゼは中浦水門より外側に、チチブは主に中海に、シモフリシマハゼは中海・宍道湖全域に、ヌマチチブは主に宍道湖にと、塩分濃度の違いによっておおまかなすみ分けをしているのです。

　しかし、この四種は見分けが難しく、例えばシマハゼはその名の通り縦に二本の黒線があるのですが、この黒線はいつも出ているわけではなく、時には横線が出ていたり、全身が黒っぽくなったりと状況によっていろいろな模様に変わります。

　これらの仲間に共通して言えるのは、いずれも石の裏やカキ殻の内面などを利用して産卵することです。産卵期になると雄の頬（ほお）は大きく膨れ、それぞれが縄張りを持ち、雌を誘い込んで産卵します。産卵後は雄のみがその場に残り、鰭（ひれ）で新鮮な水を送るなど卵が孵化（ふか）するまで世話を続けます。

　大きくなっても一〇センチ足らずであまり食用にもされない地味なハゼたちですが、塩分や水温の変化にも強く丈夫で、水槽で飼育してみると面白いのではないでしょうか。

（日本シジミ研究所・鴛海智佳主任研究員）

アカオビシマハゼ
臀鰭（しりびれ）に赤い線が入る

ヌマチチブ
胸鰭（むなびれ）の付け根に橙色のミミズ状の線が入る

シモフリシマハゼ
あごの下に霜降り状の模様がある

チチブ
第1背鰭（せびれ）の軟条が大きく伸びる

チチブ属の4種（写真は日本シジミ研究所提供）

2005年11月15日付掲載

ビリンゴ、ニクハゼ(ウキゴリ属)

伝えたい珍味「生炊き」

(日本シジミ研究所・鶩海智佳主任研究員)

前回は岩や石の上にいるチチブの仲間を紹介しましたが、今回は藻場や漁港の中などに群れで浮いているウキゴリ属のハゼを紹介します。

ウキゴリは「浮くゴリ」という意味を表し、その名のように中層で浮いて静止していることが多いハゼです。中海にはウキゴリ属のビリンゴとニクハゼが多く生息しています。中海ではこれらのハゼをメゴズ、コマゴズなどと呼んでいます。

ビリンゴとニクハゼは大変よく似ており一般の人は特に区別をしていませんが、ニクハゼはビリンゴよりも体がスマートで、口が眼の後ろまで大きく裂けることで区別できます。

ニクハゼはどちらかというと海寄りに分布し、ビリンゴは中海から宍道湖の嫁ケ島付近まで広く分布しています。また、ビリンゴと近縁のシンジコハゼは宍道湖だけに生息しています。

ビリンゴの産卵は早春から春にかけて行われ、雄が自分で泥底に穴を掘ります。そして、巣穴の壁に産卵した卵を孵化(ふか)するまで雄が守ります。雄は夫として、また親として、けなげにも役目を果たしています。

繁殖季節になると、魚類では雄に婚姻色が現れることが多いのですが、これらの種は珍しいことに雌に婚姻色が現れます。雌は各鰭(ひれ)が黒く染まり、腹は黄色身を帯びて大変美しくなります。

これらは「コマゴズの生炊き」として昔から漁師や地元の家庭で珍重されてきました。

ビリンゴ
口は眼の後ろまで裂けない
ニクハゼ
口は眼の後ろまで裂ける

ビリンゴ(上)と、ニクハゼ

2005年11月22日付掲載

エビの仲間

中海・宍道湖には甲殻類もたくさん生息しています。今回は中海や宍道湖で主に見られるエビの仲間十三種を紹介します。次回からは中海に生息する主なエビについてお話しします。

（日本シジミ研究所・森久拓也主任研究員）

中海・宍道湖のエビの仲間（写真は日本シジミ研究所提供）

2005年11月29日付掲載

クルマエビ

極上の味「エビの王様」

クルマエビは「姿のイセエビ、味のクルマエビ」といわれ、食用エビの中で最も味がよいとされてます。姿や風味もまた最高で、「エビの王様」といわれているのもうなずけます。てんぷら、すしだね、塩焼き、鬼瓦焼き、椀（わん）だねーとさまざまな調理法がありますが、どんな料理をしても極上の味です。

鮮やかな茶褐色から青褐色の幅広い縞（しま）模様があるのが特徴で、体を丸めると車輪のように見えることからクルマエビの名がつけられたといわれています。

本種は波静かな内湾にすみ、体長二五センチ前後になる大型のエビです。昼間は砂に潜ってじっとしており、夜になるとゴカイや貝類などの餌を求めて活動します。冬季は深場に移って冬眠します。

主な生息場所は美保湾にあり、産卵期に中海に入ってきて、また越冬のために美保湾へ出ていきます。

交尾や産卵は六～九月に行われます。〇・二ミリの小さな卵ですが、一回に四十万～百三十万粒を放卵します。

エビを腹側から見て、左右の最後の脚の間に円盤形のものがついていたら雌、なければ雄です。クルマエビの雌は生涯に一度だけしか交尾をしません。それは交尾した後、雌性生殖器には交尾栓、いわゆるストッパーができてしまうからです。

一九六〇年代から人工種苗生産技術が確立され、栽培漁業の旗頭の役目を果たしてきました。そして「クルマエビ養殖」は各地で広まり、近年は養殖物が天然物をしのぐようになりました。

現在、中海においてはその水揚げはわずかですが、湖底環境を改善することによって、クルマエビの漁獲が増大することを期待しています。

（日本シジミ研究所・中村幹雄所長）

クルマエビ（写真は日本シジミ研究所提供）

2005年12月6日付掲載

ヨシエビ

豊漁の昔は流通問屋も

ヨシエビは中海では本庄エビ、モロゲエビと呼ばれていますが、そのほかにスエビ、シラサエビなどといろいろな名前で呼ばれています。

体長一八センチぐらい、胸脚は赤褐色で二本の白色横帯があり、体は淡褐色で黒の斑点が一面にあります。体表に浅いへこみがあり、硬い毛が生えているためざらざらしています。

中海を中心に生息しており、産卵は主として中海で六～九月ごろ行われ、寿命は一年といわれています。夜行性で昼間は砂泥底に潜っています。

昔は中海のどこでも大量にとれたので、中海の本庄にはエビ問屋があり、初夏には松江に運ばれ、松江の夏祭りにはその煮付けが欠かせないごちそうだったそうです。そのため、宍道湖七珍にヨシエビ（モロゲエビ）が入っています。しかし、中海もまたヨシエビの本家として中海十珍に入りました。

世界中で最もエビ好きで多く食べているのは日本人です。一人が一年間に二キロ近くのエビを食べていますが、その大半は養殖、輸入エビです。しかし、中海のおかげで私たちは天然の地元の新鮮なエビを食べることができます。大変ありがたいことと思います。

ちなみにエビの甘味のエキスはアミノ酸の一種であるグリシンです。グリシンの含有量が多いほどエビはおいしくなります。

しかし近年、各種の開発行為による環境改変のため、ヨシエビの生活の場所である中海の湖底は夏場に酸素がなくなり、生息が困難になり漁獲量が激減しています。

ヨシエビ資源の増大を図るため放流も行われているようですが、放流に頼るのでなく、生息環境の改善が重要でないかと思います。

（日本シジミ研究所・中村幹雄所長）

ヨシエビ。ゆでると鮮やかな赤色になる（下）
（写真は日本シジミ研究所提供）

2005年12月13日付掲載

「おだつ」ほど大量発生

オダエビ（ニホンイサザアミ）

　中海ではオダエビと呼ばれているのは主としてニホンイサザアミのことであり、時としてアミエビが混合することがあります。

　小型で体長は約一・五ミリと小さく、一生浮遊生活を送ります。このオダエビは雌が保育嚢（のう）を持ち、受精卵をその中に産み込みます。卵はその中でふ化し、生まれた子どもは親と同じ形で水の中に出てきます。

　オダエビは出雲弁「おだつ（＝わきたつ）コエビ」の意味です。言葉通り、中海では時として湖岸を赤く染めるほど大量に発生します。

　オダエビは植物プランクトンなどを餌としています。そして、小さなシラウオやワカサギは、オダエビを体が赤くなるほど食べます。また大型のスズキも腹の中にはオダエビがいっぱい詰まっていることがあります。このように、オダエビはすべての魚の餌となり、豊かな魚を育てているのです。

　中海の生態系の中で物質循環や食物連鎖におけるオダエビの役割は計り知れないほど大きいのです。

　魚の餌となるばかりでなく、私たちもまた中海の味として親しんできました。オダエビを三十年以上、船曳網（ふなびきあみ）で漁獲している漁師さんも健在です。また、時には中海沿岸で帯状にわくこともあるので、子どもでもすくい網で捕まえることができます。本年度は残念ながらオダエビの不漁の年だそうです。

　昔からこの地方では、それぞれの家庭で針ショウガを加えた浅炊き、時雨煮、あるいはあめを加えたつくだ煮はおかずとして親しまれてきました。

　私たちの研究所でも時々浅炊きを作ります。温かいご飯の上にかけて食するともう最高です。中海十珍に選ばれたのもうなずけます。

（日本シジミ研究所・中村幹雄所長）

オダエビ（写真は日本シジミ研究所提供）

2005年12月20日付掲載

ゴンズイ

毒棘持つナマズの仲間

ゴンズイは海産魚ですが、淡水魚のナマズの仲間であり、体形はいわゆるナマズ型です。体色は茶褐色であり、体側には二本の黒と黄色の鮮明で美しい線が頭から尾部まで走っています。

口ひげは四対あります。第二背鰭（びれ）としり鰭と尾鰭とはウナギと同様、一つになっています。ゴンズイの小さな第一背鰭と腹鰭には鋭い棘（とげ）があり、これらの棘の先端には、さらに小さな棘が多数存在し、毒腺を持っています。棘が人の体に刺さると、この小さな棘が折れ込み、毒が体の中に流れ、激痛を与えます。

また、胸鰭の棘の関節をこすり合わせて、にぶい音を出すことができる魚です。ギギと同じようにギギュウ、ググ、ギギなどと呼ぶ地方もあります。きっと音を出して仲間同士で情報交換を行っているのでしょう。

本州中部以南の浅海の岩礁付近に群れをなして生息し、日中は岩陰に潜んでおり、夜に活動して底生動物を食べます。

産卵期は六、七月、海底に十センチ程度の産卵床を掘って卵を産み、雄が卵を保護します。

幼魚は、集合フェロモンの働きにより密集して絡み合い、「ゴンズイ玉」と呼ばれる集団を形成します。

今年は、ゴンズイが不思議なことに例年になく中海全域の定置網で大量に漁獲されました。

しかし市場では買い手がなく、毒棘が邪魔で扱いにくいため漁業者にとっては多少迷惑であったようです。

海産魚のゴンズイが中海全域で大量に漁獲された原因が気になります。

（日本シジミ研究所・中村幹雄所長）

幼魚が密集する「ゴンズイ玉」と呼ばれる現象
（写真は日本シジミ研究所提供）

2005年12月27日付掲載

貝の仲間

中海にはたくさんの種類の貝が生息しています。今回は中海に生息する二十一種の貝を紹介します。次回からは中海に生息する主な貝についてお話しします。

（日本シジミ研究所主任研究員・小林亜也子、森久拓也）

中海に生息する21種の貝（写真は日本シジミ研究所提供）

2006年1月17日付掲載

赤貝(サルボウガイ)

漁獲日本一の栄光も昔

赤貝(サルボウガイ)は、中海を象徴する貝であり、かつては中海の漁業を支え、全国一の漁獲量を誇っていました。しかし、中海の環境変化により激減してしまい、今では幻の貝となってしまいました。

島根県で「赤貝」と呼ばれている貝は、実は「サルボウガイ」です。すしねたに広く使用されている「アカガイ」とは別種です。

サルボウガイは、アカガイに形がよく似ていますが、アカガイ(一二センチ)より小さく(五センチ)、殻が厚く、殻表にある放射肋(ろく)は三十七本前後と少ない(アカガイは四十二本前後)ことで区別されます。また、二枚貝には珍しく、ヘモグロビン系の赤い血液を持っているため身が赤くなっています。

現在の宍道湖のヤマトシジミのように、かつての中海の漁業を支えていたのはサルボウガイで、数百人にも及ぶ中海の漁師たちは、そりこ舟を揺すりながら桁曳(けたびき)網を引いて舟いっぱいのサルボウガイを採捕したそうです。そのおかげで中海のサルボウガイ漁獲量は、全国第一位を誇っていました。

また、サルボウガイほど庶民の食べ物として親しまれた貝料理はありませんでした。酒としょうゆに砂糖を煮立てて、そこへ殻ごと入れて蒸した殻蒸しは、松江地方の伝統料理であり、昔から正月のおせち料理には欠かせないものでした。

去年、中海の十珍を選定したとき、その選考委員会の席で、こうしたサルボウガイの過去の輝かしい実績とその再生を期待して、特別枠で赤貝ことサルボウガイを入れることが決定されました。

本種を再生するためには、中海の自然環境の復元、湖底の環境改善が必要不可欠だと考えられます。

(日本シジミ研究所・中村幹雄所長)

中海でとれた赤貝(サルボウガイ)(左)と赤貝の殻蒸し(写真は日本シジミ研究所提供)

2006年1月24日付掲載

カキ（牡蠣）

肉ふっくら、「こく」十分

読者の皆さんは中海にカキが生息しているのをご存じですか。

カキは日本では縄文時代からアサリとともに最も親しまれてきました。魚介類を生で食べる習慣のないヨーロッパでも古くから生で賞味されていました。

カキは香り、風味、滋養豊かで「海のミルク」とも呼ばれるほどで、必須アミノ酸を中心に豊富なグリコーゲン、ビタミンB12、鉄、亜鉛などのミネラルも多い栄養豊かな食品です。

また味も最高の評価を得ており、私が最も好きなのは殻つきの生ガキですが、焼きカキ、カキフライ、カキ鍋、酢の物などどんな料理でもおいしくいただけます。

このように万人に愛されたカキも、今は、悲しいことに天然産はほとんど姿を消し、養殖カキになってしまいました。

しかし現在も中海の岩礁地帯には天然のカキが生息しています。

もともとカキは日本各地の内湾の潮間帯の岩礁に付着して生息しています。付着する場所によって形は異なり、左殻が膨らみを持っています。殻の表面には板状になった成長脈がみられます。

カキは雌雄同体であり、卵子と精子が交代で作られます。そして卵子の場合も精子のときも生殖腺が白く見えるので、すべてが雄だと思われて「牡蠣」の字が当てられたそうです。

もうわが国では天然のカキを食することはまず不可能に近いのですが、中海において私たちは幸福なことに天然のカキを食することができるのです。そしてまた中海のカキは豊富な植物プランクトンを十分に食べているため、肉がふっくらとして養殖ものにない「こく」を感じさせます。

そうした天然のカキを高く評価し、これから漁業資源として増大することを期待して、中海十珍に選びました。

（日本シジミ研究所・中村幹雄所長）

中海で採れたカキ（写真は日本シジミ研究所提供）

2006年1月31日付掲載

ホトトギスガイ

渡り鳥誘う湖底の群生

ホトトギスガイの殻皮は写真のように滑らかで光沢があり、黄緑から黒紫色でさざなみ模様があり、鳥のホトトギスの羽のように見えることから「ホトトギスガイ」と名付けられたそうです。

日本各地の内湾内海の潮間帯付近の泥底に群生します。

中海でも全域に高密度に着生し、写真のように足糸で互いに絡み合って連続したマット状集団を形成します。このマットが座布団のように湖底を覆い、アサリやシジミを窒息させ、大被害をもたらすこともあります。

漁師さんたちはホトトギスのことを「つなぎ」と呼んで、シジミやアサリの生息や採集の妨げになるので本種の繁殖を好みません。

しかし、渡り鳥のカモたちにとっては、とても大切な餌であり、中海にたくさん生息しているホトトギスを目当てに、毎年多くの渡り鳥がやってくるのです。人間にとって無用の長物ですが、鳥にとってはかけがえのない生物なのです。

ホトトギスは現在、中海の生物の中では最も生息量が多いので中海の生態系にとって、良きにしろ、悪きにしろ、大変重要な生物です。

しかし本種の基本的な生態、生活史をはじめ、その分布や資源量などについてほとんど調査されていません。

私たちの調査では、本種の寿命はわずか一年であると思われます。中海における産卵期は六、七月と十一、十二月の二回あると推測されます。

中海での本種の個体群の動態を見ると、汽水域の特長である激しい生息環境変化に適応するため、生息に適した環境のときに爆発的に増え、環境が悪くなると大量に斃死（へいし）して子孫を維持させる、多産多死型の生活史戦略をとっているように思われます。

（日本シジミ研究所・中村幹雄所長）

ホトトギスガイ。下は足糸で絡み合ってマット状となったホトトギスガイ（写真は日本シジミ研究所提供）

2006年2月7日付掲載

アカニシ・ウネナシトマヤガイ

刺し身や潮汁 漁民絶賛

皆さんはアカニシやウネナシトマヤガイという貝が中海に生息しているのをご存じでしょうか?

アカニシは、殻高が一五センチにもなる大型の巻き貝です。形は拳形で、写真のように殻の内面が美しい朱色をしています。赤い色をした貝ということからアカニシの名が付きました。

本種は昔から食用とされてきました。現在も地元では刺し身や煮付けなどにして食べられており、「サザエよりもおいしい」という人も少なくありません。

しかし、アカニシはアサリなどの二枚貝を好んで捕食するため、アサリの漁師さんにとっては時にやっかいものになります。アカニシは、アサリを抱えこんで特殊な酸を出して捕食します。この酸は酸化すると紫色になるので昔、染め物で「紫」を出すことが難しかった時代に、この「貝紫」を染料として利用してきた地方もあります。

また、美しい貝殻は貝細工として利用され、卵のうは「なぎなたほおずき」と呼ばれ縁日で売られています。

ウネナシトマヤガイは地元では「ヨコガイ」と呼ばれています。その名の通り横に少し長い二枚貝です。殻長は四センチほどで、殻表の後部に紫色の放射帯があります。

本種は汽水域の潮間帯に生息しています。足糸を出して石などに固着していて、岩礁帯の石の下や石の裏、カキ殻の中などを探すと見つかります。

「ヨコガイ」のことを知らない人が多いと思いますが、みそ汁や潮汁にして食べると、とても上品でコクがあります。このうまさを知る人は岸辺に行き自分で採って食べています。私も、漁師さんからいただいたヨコガイを食べてから、そのおいしさに病みつきとなってしまいました。

(日本シジミ研究所・鴛海智佳主任研究員)

アカニシ(左)とウネナシトマヤガイ(写真は日本シジミ研究所提供)

2006年2月14日付掲載

クロソイ

雌のおなかで卵ふ化

（日本シジミ研究所・森久拓也主任研究員）

中海に生息しているメバルの仲間は、クロソイ、タケノコメバル、ムラソイ、メバルの四種類です。これらは良く似ていて、素人はなかなか見分けることができません。

このうち最も多く生息するのがクロソイで、体色が黒っぽく、目から斜め下後方に二本の黒い帯が走るのが特徴です。近縁種と見分けるときは、目の下にある涙骨の三つの棘（とげ）をみます。

クロソイは主に魚類や甲殻類を食べています。昼間は岩陰に潜み、夜になると餌を求めて活動します。そのため、刺し網漁師は夕方、クロソイがいそうな岩場に刺し網を張り、餌を探しに岩場から出たクロソイを捕らえます。

一般的に、魚は卵と精子を水中に放出し受精させますが、クロソイは以前紹介したウミタナゴと同じく、交尾し、雌のおなかの中で卵をふ化させ、春に子どもを産むという、大変面白い繁殖方法をとっています。写真は、三月に漁獲された雌のおなかの中から出てきた体長三ミリの仔魚（しぎょ）です。体は透明で大きな目が目立ちます。

クロソイの、しっかりとした白身は脂が乗り、刺し身にすると食感、味ともに最高ですが、中海の漁師さんは、丈夫な皮に切れ目をいれ甘辛く味付けしたクロソイの煮付けが最高だと言っています。さらに食べ終えた後の骨に酒を注いで飲むと、また格別だという漁師さんもいます。

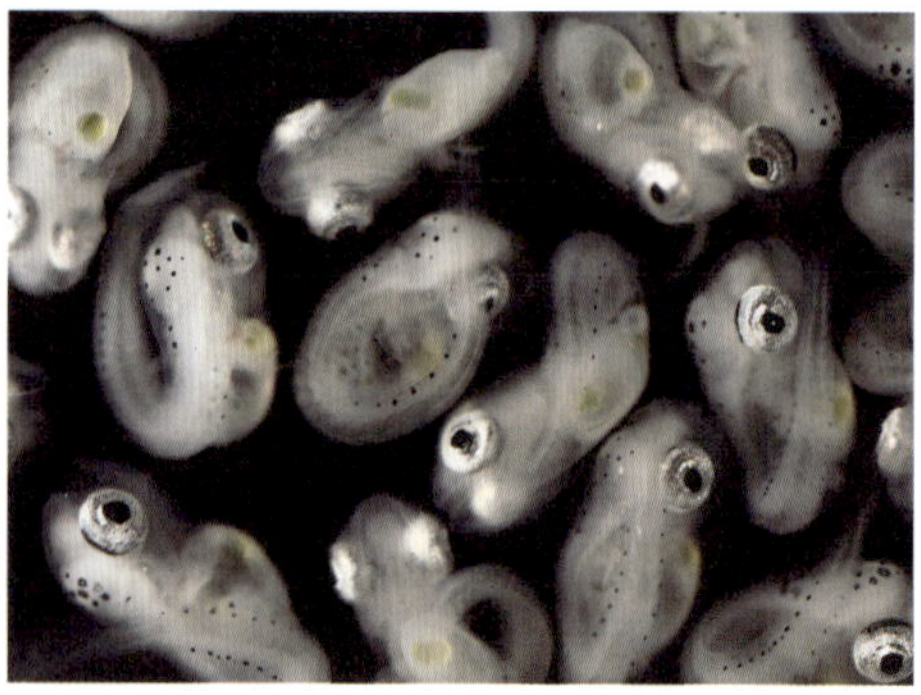

クロソイの雌（上）と腹の中からでてきた仔魚（下）

2006年2月21日付掲載

体色変えて海底に潜む

イシガレイ・マコガレイ

中海にはイシガレイ、マコガレイの二種のカレイが生息しています。

両種は体色、形がよく似ていますが、イシガレイには体表に石状の硬い突起があり、うろこがありません。カレイの仲間は体が側扁（そくへん）し、両目が右側についているのが特徴です。有眼側は褐色で海底の模様に合わせて体色を変え、無眼側は白くなっています。幼魚のときは眼が体の左右にあり、表層から中層を遊泳していますが、変態後は沿岸や内湾の砂泥底で、砂から眼だけを出しています。餌は底生動物です。

産卵期は十一月から三月で、特に十二月から一月が盛期です。沿岸の浅場で産卵するため、中海ではこの時季にます網、刺し網で漁獲されます。

境水道はカレイ釣りの絶好のポイントで、冬の釣りシーズンになると県外ナンバーの車で来た釣り人をよく見かけます。特にイシガレイは全長五〇センチを超えることもあり、カレイ独特の力強い引きで、投げ釣り師を魅了しています。

一般的にマコガレイの方がイシガレイより美味との評価ですが、中海の漁師さんはイシガレイの方がうまいといいます。味がよいイシガレイですが、独特の磯の香りが評価を下げているようです。

大型のカレイは刺し身が一番です。薄作りにした透明な身は口あたりが滑らかでとても上品な味です。もちろんえんがわの刺し身も歯応え、脂ともに文句なしの絶品です。手のひらサイズは煮付け、パリパリとうまい空揚げもたまりません。

（日本シジミ研究所・森久拓也主任研究員）

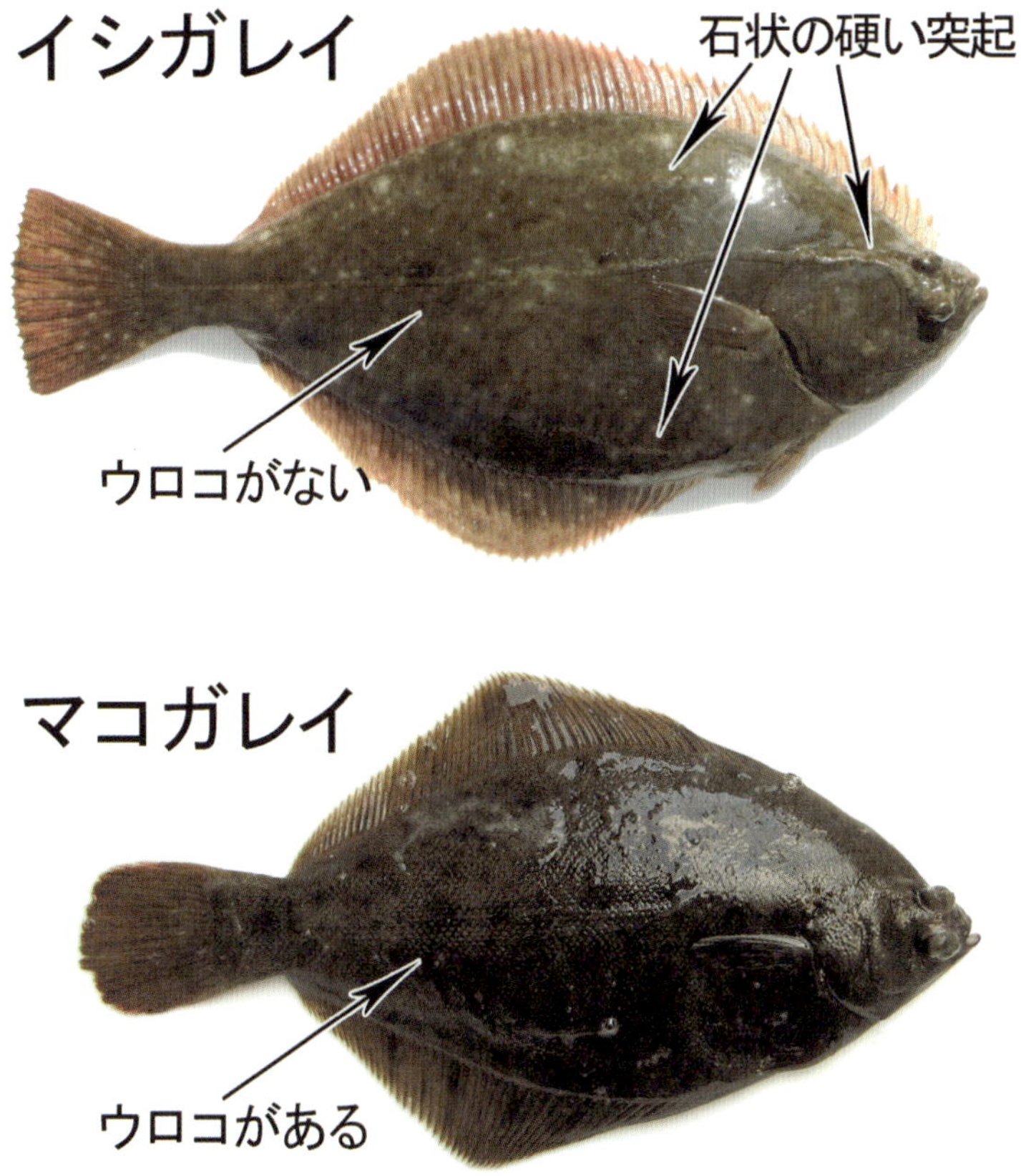

イシガレイとマコガレイ（写真は日本シジミ研究所提供）

2006年2月28日付掲載

放流よりも育つ環境を

ヒラメ

カレイとヒラメの見分け方として昔から「左ヒラメ、右カレイ」といわれています。腹を下にして置いたときに、両眼が左にあるのがヒラメであり、右にあるのがカレイです（ただ一部例外もあります）。また、ヒラメはカレイに比べると口が随分大きいことでも判別できます。

ヒラメもカレイもふ化直後の浮遊生活をする間は、他の魚と同じように両側にありますが、着底生活に入るころは両眼が完全に左側に移ります。

またカレイが全長五〇センチぐらいまでなのに対してヒラメの全長は一〇〇センチ近くまで成長することもあります。

ヒラメは、美保湾の水深一〇〇～二〇〇メートルの海底の砂泥に潜んでいて、小魚を捕食します。産卵期は春で、二〇～三〇メートルの浅場で浮遊卵を産みます。

中海には稚魚、一年魚が多く移入してきます。かつて本庄工区の中はヒラメの幼魚が多くみられました。ヒラメはカレイ目の中で最も美味とされ、白身の高級魚としても名高く、特に冬のヒラメは「寒ヒラメ」と呼ばれ、その薄造りは秀逸です。さらに縁側と呼ばれる部分はこりこりとした歯ざわりととろける味わいで食通からは珍重されています。

ヒラメは需要も多く、水産上、重要な魚種です。成長が早いことから、種苗放流や養殖が盛んに行われています。

ただ残念なことに中海の現状の環境ではヒラメの種苗放流の効果を期待することは難しいと思われます。

美保湾のふ化したヒラメが中海に入ってきて成長する場となるような、中海の環境をつくってやりたいと思います。

（日本シジミ研究所・中村幹雄所長）

有眼側（表）

無眼側（裏）

ヒラメ（写真は日本シジミ研究所提供）

2006年3月7日付掲載

美味だが素人調理禁物

フグ

中海には、写真のようにヒガンフグ、コモンフグ、クサフグ、トラフグの四種類のフグが生息しています。皆さんご存じでしたか。写真でそれぞれの見分け方法を示しました。

フグ類の共通の特徴は腹の膨れた体形、腹鰭（ひれ）がなく、背鰭は一つで棘条（しじょう）がないこと、また水や空気を胃に吸い込んで腹を大きく膨らませることができることです。

しかし、最も大きな特徴は一般にフグ毒と呼ばれる強力な生体毒テトロドトキシンを体に持っていることです。わずか一〜二ミリグラムで人を殺傷することができるほど強力で、あたると死ぬのでフグのことを鉄砲とも呼びます。

トラフグについては昔から「フグは食いたし　命は惜しい」といわれ、肝臓や卵巣など内臓に毒が多いのですが、肉身には毒がありません。素人が料理するのは大変危険ですが、専門の調理師が料理すれば大丈夫です。

味は天下一品、高価であるのが難点ですが、フグ刺し、フグ鍋は最高です。

（日本シジミ研究所・中村幹雄所長）

体表にいぼ状の突起が密にある
茶褐色の斑点が散在
ヒガンフグ
体は小棘で覆われている
胸鰭後方に白く縁どられた
大きな黒色斑紋がある
臀鰭は白い
トラフグ
背面は茶褐色を帯び、
不規則な淡色の小斑がある
体は小棘で覆われている
コモンフグ
体の表面は暗緑色で多数の小さな白色点が散在し、
胸鰭のすぐ後ろに大きな黒色斑点がある
クサフグ

中海に生息するフグ（写真は日本シジミ研究所提供）

2006年3月14日付掲載

イイダコ

創意工夫の「壺」で狙う

大根島の周辺で小型のタコ壺（つぼ）でイイダコが多数獲られているのをご存じですか。私たちは時々、漁師さんからいただいて皆で賞味しています。

イイダコは全長二〇～三〇センチの小型のタコで表面は小顆粒（かりゅう）で覆われ、黒い帯状のすじが断続してあり、眼の周りにへびの眼のように見える黄金色の輪があるのが特徴です。

冬季には、産卵を前にした雌の頭にいっぱい詰まった大型の卵が飯粒（めしつぶ）に見えることから飯（いい）ダコと呼ばれています。

イイダコの卵は大型のため、産卵数はわずか三百～四百粒にすぎません。マダコは小型卵を十万粒も産み、イイダコの産卵生態とは異なっています。

ふ化した子ダコはすでに一センチもあり、吸盤も持っていて、いきなり底生生活に入ります。内湾の水深一〇メートル前後の砂底に生息し、甲殻類を好んで食べます。

冬季に海底の空の貝殻の中などに産卵し、雄がこれを保護します。約五十日でふ化し、一年で親になります。

中海の漁師はこのタコの習性を利用して大型の巻き貝を利用したり、コーヒーなどの空き瓶を利用したり、セメントで作ったりと、各自それぞれ工夫したタコ壺を使っています。

漁師さんの多くは煮付けにするそうで、酒のさかなには絶好だそうです。

しかし、タコは煮過ぎると硬くなるので注意が必要です。私は塩もみしてさっと熱湯に通して刺し身や酢の物にするのが好みです。

（日本シジミ研究所・森久拓也研究員）

イイダコ（写真は日本シジミ研究所提供）

2006年3月28日付掲載

サンゴタツ・タツノオトシゴ

雄が哺育嚢で〝子育て〟

本種は写真のような、とても魚とは思えない奇妙な姿形をしています。

中国の伝説に出てくる竜に似ており「竜（たつ）の落とし子」と名づけられたのもうなずけます。ちなみに英語ではシーホースつまり「海馬」と言われています。

この珍しい魚を私たちは中海の海藻の中で時折見ることができます。

中海ではサンゴタツ、タツノオトシゴの二種が生息しています。中海に主として生息しているのはサンゴタツで、タツノオトシゴは主に境水道に生息しています。タツノオトシゴは後頭部に冠状の突起があることで判別できます。本種は全長一〇センチ、体は骨板で覆われるのが特徴です。吻（ふん）は長く突出し、尾はひれがなく他の物に巻き付きやすくするため長く丸まっています。中海では海藻に巻き付いていることが多く、泳ぐのは下手です。直立した立ち泳ぎで背びれや胸びれを使ってゆっくりと移動します。

餌はとがった口でスポイト式にプランクトンを吸い込み食べます。

また、面白いことにタツノオトシゴの仲間は雌雄が尾を巻き付け交尾しますが、雌でなく雄が「哺育嚢（ほいくのう）」と呼ばれる袋を持っており、雌が雄の「哺育嚢」の中に卵を産み込みます。そして産みつけたあと、雌はさっさとどこかへ行ってしまいます。残された雄は袋の中で卵がふ化するまで後生大事に育てます。

そして六、七月に仔魚（しぎょ）が「哺育嚢」から一匹ずつ外に泳ぎ出して行きます。そのときは親と同じ形で出てきます。

このようにタツノオトシゴの産卵生態より、昔から「安産のお守り」として大切にされてきた地方もあります。

私はこの貴重なタツノオトシゴがいつまでも中海から姿を消すことがないように願わずにはおれません。

（日本シジミ研究所・中村幹雄所長）

サンゴタツ（左）とタツノオトシゴ
（写真は日本シジミ研究所提供）

2006年4月4日付掲載

エピローグ

守ろう懸命な命の営み

昨年の五月十日に一回目の「中海の魚たち」を書き始めて、これまで多くの魚たちの話をしてきました。

読者の皆さまへ、中海にはまだこんなにたくさんのおいしい魚がいて、それらの魚がそれぞれ厳しい生息環境の中で生活し、子孫を懸命に残し、数は少なくなりはしたものの、昔と同じように生息しているのを、知っていただきたいと願いながら、筆を進めました。

かつて中海はその恵まれた自然条件により「豊饒（ほうじょう）の海」と呼ばれ、宍道湖以上の漁獲量を誇り、サルボウの漁獲量は全国一でした。桁（けた）引き網漁業だけでも、千六百統が行われていたのは大変な驚きです。

しかし近年、中海の漁業は急激に衰退しています。漁業不振の原因は、人間活動の活発化による湖の富栄養化、およびそれによる湖底の貧酸素化とヘドロ化、あるいは各種の開発工事による浅場の喪失、湖岸のコンクリート化によるものと思われます。

現在、中海・宍道湖は大橋川の改修工事、森山堤の開削など懸案の工事が検討されている一方、ラムサール条約に登録され、自然を保護し、いかに両湖を賢明に利用するかが、これからの大きな課題になっています。

ラムサール条約の精神は鳥や魚、そして人の住みやすい自然を守ることです。これを機にみんなで中海や宍道湖の自然や生き物のことを考えたいものです。

中海にはまだたくさんの魚たちが生息していますが「中海の魚たち」は今回でひとまず終わります。次回からは主として宍道湖に棲（す）んでいる魚たちを紹介する「宍道湖の魚たち」をスタートします。中海の魚も宍道湖の魚も絶えず行き来しており、密接な関係にあります。引き続きご愛読をお願いします。

（日本シジミ研究所・中村幹雄所長）

＝おわり＝

漁の風景（安来市赤江町の論田港）＝日本シジミ研究所提供

2006年4月11日付掲載

宍道湖の魚たち

（2006年4月18日付から07年2月27日付で連載）

プロローグ

繊細な汽水湖の生態系

「中海の魚たち」に引き継ぎ、今回から「宍道湖の魚たち」を紹介します。宍道湖はわが国の内水面、河川湖沼の中では際立って漁獲量の多い、そして日本を代表する汽水湖です。

汽水湖とは川からの淡水と海からの海水が混じりあった湖のことを言います。宍道湖の自然の特性はそのほとんどが汽水湖であるがゆえのものです。

ヤマトシジミやシラウオ、ワカサギ、スズキ、そしてマハゼなどが生息できるのは宍道湖が汽水湖であるためです。

そしてまた、汽水湖の大きな特徴のひとつは、魚介類の生産力が豊かであり、漁業が盛んで、私たちに大きな恵み与えてくれることです。しかし一方では、富栄養化し、湖底のヘドロ化、底層水の貧酸素水化により魚介類の生息場所の減少や魚介類の大量へい死などを引き起こすこともあります。

そして、もうひとつの汽水湖の特徴は変化が大きく、傷つきやすいことです。

宍道湖は毎年の気象条件により水温、塩分、溶存酸素量など河川や海洋では信じられないほど大きく変化します。そして汽水湖の生態系は非常に繊細です。したがって、小さな開発工事でさえ汽水湖は大きな傷を受けやすいのです。

私は約三十年にわたって漁師さんの協力、指導を受けながら、汽水湖・宍道湖の魚介類、特にヤマトシジミを中心にした魚介類の調査や研究をしてきましたが、次回からその宍道湖の魚たちを汽水魚を中心に紹介したいと思います。

宍道湖の恩恵の大きさ、健全な汽水生態系を守ることの大切さを少しでも感じていただければと思います。

（日本シジミ研究所・中村幹雄所長）

宍道湖のシジミ漁（日本シジミ研究所提供）

2006年4月18日付掲載

大切な環境保全と保護

宍道湖七珍

昨年五月十七日付の本紙で中海十珍にマハゼ(ゴズ)、サヨリ、スズキ、ヒイラギ(エノハ)、タイワンガザミ(アオデガニ)、ウナギ、マガキ、ヨシエビ(モロゲエビ)、ニホンイサザアミ(オダエビ)、サッパ(カワコ)を選んだことについて書きました。

宍道湖では一九四〇年ごろから「宍道湖七珍」が一般に広く知られ定着しています。

シジミの「みそ汁」、シラウオの「卵とじ」、ワカサギ(アマサギ)の「かけ焼」、ウナギの「かば焼き」、スズキの「奉書焼き」、ヨシエビ(モロゲエビ)の「煮付け」、コイの「糸造り」。これら七種の料理が宍道湖の七珍味として親しまれてきました。

コイを除く残りの六珍味はすべて汽水魚です。先週もお話をしたように宍道湖の恵みは言い換えれば汽水湖の恵みと言えます。

長く親しまれてきた宍道湖七珍も二十一世紀のいま、大きな変化を見せています。

たとえばワカサギ、ウナギ、ヨシエビは宍道湖の生態系の乱れにより資源が激減し、容易には漁獲されなくなりました。またコイやスズキは食文化の変化によりほとんど利用されなくなってしまいました。

このように宍道湖の魚たちをとりまく環境は大きく変わってしまいました。

宍道湖には「宍道湖七珍」以外に、マハゼ、フナ、モクズガニ、テナガエビ、ボラ、コノシロ、サッパなど七珍に勝るとも劣らない魚たちもたくさん生息しております。

昨年、宍道湖はラムサール条約に登録されました。それにより、宍道湖の自然環境の保護と宍道湖の賢明な利用が私たちに義務づけられました。

そうした意味でも私は汽水湖としての宍道湖の自然環境の保全、水産資源の保護、漁業の振興が大切だと考えています。次回から宍道湖の素晴らしい魚たちを紹介したいと思います。

(日本シジミ研究所・中村幹雄所長)

宍道湖七珍(日本シジミ研究所提供)

2006年4月25日付掲載

シラウオ㊤

美しい姿、詩歌にも登場

宍道湖の魚たちのトップバッターは姿形、味、漁業価値の三拍子がそろったシラウオ（白魚）です。

シラウオは昔から数多くの詩歌にも、その姿のかれんで楚々（そそ）とした美しさが歌われてきました。その代表的なものに詩人・室生犀星が叙情小曲集で歌った「白魚はさびしや　その黒きひとみはなんといふ　なんといふしをらしさぞよ」があり、シラウオの持っている美しさを実によく表現していると思います。

シラウオは幼魚の時の姿そのままで成魚になる珍しい魚であり、体にはほとんど鱗（うろこ）も色素もないため、生きている時はガラスのように透明で、腸や浮袋まで透けて見えます。

そのために英語ではアイス・フィッシュ（氷の魚）、ドイツ語ではヌーデル・フィッシュ（裸の魚）と呼ばれています。しかし死んでしまうと乳白色に変わるので日本では「白魚」と呼ぶようになりました。

シラウオは通常、河口域、汽水湖に生息し、産卵期の二月から四月に川に上り、淡水域の砂礫（されき）や水草に産卵します。

卵の数は小さな体にしては比較的多く、五百～三千粒で卵の直径は約〇・八ミリです。卵は独自の付着糸を持ち、卵が水の中に放出されると卵膜は反転して十六～二十本の付着糸が卵の表面に出て砂礫に付着します。

産卵を終えた親魚は自分のエネルギーのすべてを使い果たし、わずか一年でその一生を終えます。

また、シラウオとシロウオは全く別種であるのを皆さんご存じですか。

シラウオはサケやアユの仲間で、シロウオはハゼの仲間です。シラウオはシロウオに比べて頭部がとがっており、背鰭（びれ）と尾鰭の間に脂鰭があること、腹鰭が体の中心付近に位置することなどでシロウオと区別できます。

また、面白いことに漢字で書くとシラウオは「白魚」、シロウオは「素魚」と書きます。

来週はシラウオの漁業や料理についてお話しします。

（日本シジミ研究所・中村幹雄所長）

宍道湖のシラウオ
（日本シジミ研究所提供）

2006年5月9日付掲載

シラウオ㊦

昔は松江庶民の「オカズ」

シラウオは宍道湖の魚では最も高価であり、シラウオ桝（ます）網、小袋網、刺し網は宍道湖の網漁業のなかでは最も重要な漁業です。

シラウオは年魚であり、自然条件に左右されやすい魚のため、年変動が大きく、近年は不漁年が続いていましたが、一昨年、昨年は大変豊漁で漁師さんたちもほっとしています。

シラウオはかつては全国の汽水湖、河川の河口域に広く生息していました。

江戸時代には隅田川でもシラウオ漁業が盛んで、「月もおぼろに白魚のかがりも霞（かす）む春の宿」と、歌舞伎の有名なせりふを生みました。また、徳川家康はシラウオが大好物であり、金文字で「御用白魚」と書かれた朱塗りの箱に入った佃島のシラウオが毎年将軍に献上されていたといいます。

しかし現在では隅田川はもちろんのこと、全国的に他の河川・湖沼も隅田川と同じように種々の開発工事などによって姿を消してしまいました。

今では小川原湖、霞ケ浦、網走湖そして宍道湖等、限られた汽水湖のみでシラウオの漁業が行われております。

しかし、わが町松江市では町のど真ん中の大橋川でも小袋網や越中網でシラウオが漁獲されています。日本中のどこにも松江のように街の中心でシラウオが泳いでいる町はありません。これは素晴らしいことではないでしょうか。

また、かつてシラウオが大量に取れていたころ、高級魚シラウオは松江庶民の家庭の食卓を飾る「オカズ」でした。

各家庭では「卵とじ」「シラウオご飯」「酢みそ」「てんぷら」「散らしずし」「うま煮」などの料理でシラウオの味を楽しむことができました。他の地域では考えられない「ぜいたく」を味わうことができたのも宍道湖のおかげでした。

私たちは宍道湖のこうした大きな恵みを守り、いつまでも子孫に伝えていきたいものと思います。そのためには宍道湖の汽水生態系を守ることが大切だと思います。

（日本シジミ研究所・中村幹雄所長）

シラウオの卵とじ
（日本シジミ研究所提供）

2006年5月16日付掲載

ワカサギ㊤

1年で成熟した親魚に

ワカサギ（公魚）は先週お話ししたシラウオに並んで宍道湖では最重要種の一つです。

ワカサギはワカ（わかい、清新）とサギ（細魚、小魚）の合成語であり、清新な小魚という意味です。また、出雲地方ではアマサギと呼びますが、アマ（味の良い）小魚という意味です。

ワカサギはサケ目キュウリウオ科に属し、シシャモ、チカ、キュウリウオの仲間です。口は上方に向かって開いており、背鰭（びれ）の基点が腹鰭の基点より後方にあるのが特徴です。

本種の天然分布は北海道および本州で、太平洋岸では利根川以北、日本海側では宍道湖以北の沿岸河口域、あるいは汽水湖のみに生息分布していました。

しかし、近年は淡水でも容易に適応し成長・繁殖するので、全国各地の湖沼やダム湖に移され繁殖しています。

諏訪湖では、一九一五年に霞ケ浦から移されたワカサギが定着し、現在、人工産卵させた受精卵を全国の湖沼に出荷する最大の産地となっています。

全長は一五センチぐらいまでと小さく、一年で成熟した親魚になります。一月から四月ごろに河川を遡上（そじょう）し、砂礫（れき）や水草に卵を産みつけます。

産卵行動を見ると、雄・雌は一対一のペアで放卵・放精を行いますが、産卵場への移動は雄・雌で異なり、雄が産卵場に先に行って雌の来るのを待っており、雌は夜に産卵場に向かうようです。また、一回の産卵でほぼすべてが産卵する「一回産卵型」であるようです。

卵は直径約一ミリの付着沈性卵で表面の粘着膜が反転して礫や水草に付着します。

通常は産卵の終わった親魚は死んでしまいますが、時には生き残って二年魚になるものもいます。

次回は、ワカサギの漁業や利用についてお話しします。

（日本シジミ研究所・中村幹雄所長）

ワカサギ（日本シジミ研究所提供）

2006年5月23日付掲載

ワカサギ㊦

茶漬けは最高 再生願う

出雲地方でアマサギと呼ばれるワカサギ。「アマサギのつけ焼き」「アマサギの茶漬け」は松江の郷土料理の代表的存在で、もちろん宍道湖七珍の一つです。

味は淡泊で香りが良く、天ぷら、フライ、塩焼き、南蛮漬け、つくだ煮とどんな料理でもいけますが、なんといっても私は「つけ焼き」「茶漬け」が最高だと思います。

この料理で大切なことは、宍道湖産であること、子持ちであること、新鮮であること、下手な味付けや手を加えないこと、熱々を食べることだと思います。

「アマサギのつけ焼き」は、白焼きした熱いのに煎(い)り酒(つけ汁)をつけて、さらにもう一度、焼き過ぎないように気を付けて焼く。そして熱いうちに食べることが肝心です。「アマサギの茶漬け」はこうした「つけ焼」をご飯にのせて熱々の番茶をかけ、ふたをして二、三分置きます。食べる直前にワサビを少しのせるともう最高です。

宍道湖では主として刺し網とマス網で漁獲され、かつては二百～三百トンの漁獲があり、同湖では最も重要な漁業資源でした。そのころは、ワカサギ釣りも市内のあらゆるところで行われ、サシか赤虫を餌に用いて釣ると、一度に五、六匹釣れたものでした。ワカサギは朝夕は表層に、昼は底層へと生息場所が変化するので、ワカサギ釣りで大切なことはタナを選ぶことです。

この大量に生息していたワカサギも、平成六(一九九四)年に猛暑のために大量へい死が発生し、それ以後はほとんど宍道湖から姿を消してしまい、今日では幻の魚となりつつあります。

読者の皆さまも、この十年間は宍道湖産のワカサギを食べたり、釣りをしたことはほとんどないのではないかと思います。

宍道湖のワカサギの再生は私たち松江の人々に共通の願いだと思います。そのためにはワカサギの生態をよく調べ、資源の減少した原因を科学的に究明しなければならないと思います。原因が分かれば、ワカサギ再生のための糸口が見つかると思います。

(日本シジミ研究所・中村幹雄所長)

アマサギ(ワカサギ)のつけ焼き
(日本シジミ研究所提供)

2006年5月30日付掲載

ウグイ

桜の時期 美しい婚姻色

ウグイの分布範囲は広く、北海道から九州の南端まで、ほぼ日本全国で見られます。生息している環境も多様で、河川の上流域から河口や内湾にまで生息しています。海水にすむこともでき、他の魚がすめないような強酸性の水にもすむことができる、非常に適応力の高い魚です。

ウグイの名の由来は、「浮く魚（い）」や「鵜（う）が食う魚」であるといわれています。ウグイの「イ」は魚を表す接尾語の一つです。また、出雲地方ではウグイのことを「イダ」と呼びます。

本種は、体は流線型で広範囲を素早く泳ぎ回るのに適した形をしており、底に砂や石の多い、流れのある場所を好んで生息しています。

ウグイには、一生を川や湖沼で過ごす淡水型と、川と海とを行き来する降海型があり、宍道湖で見られるものは降海型です。

普段は宍道湖にすむウグイも、産卵期になると斐伊川を群れでさかのぼります。産卵期が桜の開花時期と一致すること、産卵期にはきれいな婚姻色が出ることから、この時期のウグイは地元で「サクライダ」と呼ばれます。

婚姻色は雄にも雌にも現れ、頭から腹面にかけて鮮やかなだいだい色に美しく染まります。産卵は、雌一尾に多数の雄が寄り添い礫（れき）底に突進して行います。産卵のために集合したウグイで瀬が黒く見えるほどです。産卵に夢中なウグイはあまり人影を恐れないため、手づかみで捕らえることもできます。

斐伊川では刺し身にして酢みそをつけたり、木の芽あえにして賞味されます。身に臭みは全くなく、味は寒ブナやコイにひけをとりません。しかし残念ながら宍道湖ではウグイを食べる習慣がありません。

（日本シジミ研究所・鴛海智佳主任研究員）

ウグイ（日本シジミ研究所提供）

2006年6月6日付掲載

琵琶湖から移入し定着

ワタカ

皆さまはワタカという魚をご存じですか。

ワタカは本来、琵琶湖、淀川水系の特産種でしたが移入増殖や琵琶湖の放流アユに混入して全国各地に運ばれ、その地で定着し、分布するようになったコイ科の淡水魚です。

宍道湖にも琵琶湖からの放流した卵や稚魚に交ざってやってきて定着し、生息するようになりました。朝酌川や十四間川、船川付近に多く生息しています。また、雨の降った後などには、湖内のマス網に入ることもよくあります。

本種は腹部が美しい銀白色で、顔は小さく、目が大きく、成魚は後頭部から背面が急に盛り上がっているのが形態的特徴です。

生態的特徴は湖岸の水草やヨシの茂ったところに主として生息し、成魚は水草を主として食する草食性の強い魚です。時には水田の稲まで食べることがあるそうです。

二年で成熟し、六、七月ごろ、水面近くの水草に粘着卵を産み付けます。

残念なことに鮮度が落ちやすいこと、小骨が多いことなどから市場性があまりなく、本種が売られることは宍道湖ではほとんどありません。

しかし、琵琶湖では伝統食である、なれ鮨（ずし）＝ご飯と一緒に発酵させたもの＝として、ニゴロブナと同じように利用されてきました。

しかし、現在は琵琶湖では外来魚ブラックバスやブルーギルのためか、あるいは内湖の埋め立てや道路建設など各種の開発行為による湖の生態系の変化によって、ワタカの生息量が激減してしまったようです。

（日本シジミ研究所・中村幹雄所長、鷺海智佳主任研究員）

ワタカ（日本シジミ研究所提供）

2006年6月13日付掲載

コイ㊤

成長早い「川魚の王様」

コイは古くから、その大きさや味の良さ、泳ぐ姿の美しさゆえに「川魚の王様」と呼ばれ大切にされてきました。

本種は全国各河川のふちや湖沼に広く生息する温帯性の淡水魚です。

わが国では古くから飼育され、戦後の一時期は全国各地でコイの養殖が盛んになり、稲田、ため池、流水池などで大量のコイが生産されるようになりました。

形態はフナに似ていますが、口部に二対のひげがあり、体形がフナに比べて細長いことで判別できます。コイ科の魚の特徴は、口には歯がなく、その代わりのどには咽頭(いんとう)歯と呼ばれるものがあり、硬いものでもそしゃくすることができます。元来、雑食性でユスリカの幼虫やイトミミズなどの底生動物、付着藻類などを中心に食べます。

宍道湖に生息するコイの成魚は、時にシジミを食べていることもあります。

産卵期は四～七月にかけてで、十万個以上の卵を水草に産み付けます。

宍道湖内では最近、草が激減したため産卵場がほとんどなくなってしまいました。現在では十四間川、新建川、来待川などで雨の降った後、産卵行動に夢中になっているコイが見られます。

成長は早く、その春に産まれたコイは秋には二〇センチにもなり、さらに年とともに成長を続け、時には一メートル以上になる巨大コイもおります。

宍道湖の主はとてつもなく大きなコイに違いないと思います。私は数年前に一七キロのコイを食べましたが、その腹身の刺し身の味は忘れられません。

今日も、巨大コイに恋したコイ一筋のコイ釣り師が、静かに竿(さお)を出しているのがみられます。

しかし、悲しいことに昨年、全国的に発生したコイヘルペスというウイルス病のため宍道湖のコイも大量に斃死(へいし)してしまいました。今年の釣果が心配されます。

(日本シジミ研究所・中村幹雄所長)

宍道湖で捕れた巨大コイ
(日本シジミ研究所提供)

2006年6月20日付掲載

コイ（下）

近年、姿消した伝統料理

コイは、中国では神農書に「鯉（こい）は魚の王様」と書かれ、日本でも有名な古書「本朝食鑑」に「人々は鯉を諸魚の長としてあがめている」と記されています。

そして養殖も中国では二五〇〇年前から行われています。

また、中国の伝説では、黄河にある竜門峡なる三段の滝を他の魚は登れないが、元気なコイはその滝を登り竜になるといわれました。その故事から、立身出世や入試に合格することを「登竜門をくぐる」と言われるようになり、コイは「出世魚」と呼ばれるようになりました。

日本では男子の端午の節句にはこいのぼりを立て祝い、元気な子どもに育つように祈ります。

伝統的和食の四条流や大草流では、コイを料理中の最高材料として位置づけ、天皇家や将軍家で御膳料理として用いられていました。

宍道湖でも「鯉の糸作り」は松江特有の伝統的郷土料理であり、宍道湖七珍味の一つであります。また、「洗い」や「生け作り」、そして「鯉こく」などが親しまれてきました。

以上、コイが長い伝統に培われてきた日本料理の粋であることを話してまいりました。

しかしとても残念なことに、私たちの身の回りからコイ料理が姿を消してしまいました。宍道湖のコイも全く売れなくなってしまいました。どこへ行けばコイを食べることができるのでしょうか。なぜ、コイが料理されなくなったのでしょうか。コイが売れなくなったのでしょうか。

これはよく考えなければならない大変重要な問題だと思います。

（日本シジミ研究所・中村幹雄所長）

コイ（日本シジミ研究所提供）

2006年6月27日付掲載

テナガエビ

おいしい一級品の食材

夏の夜、湖岸の捨て石や消波ブロックなどで、餌をあさるテナガエビを小さな丸い網でかぶせてつかまえるエビ捕りは、当時、子どもの楽しい遊びであり、また夏の夜の宍道湖の風物詩でもありました。私自身も小学校に入学する前に大橋川の舟付き場でエビを釣って遊んだことを鮮明に覚えています。

体長は約一〇センチになり、淡水産エビとしては大型です。五対の胸脚のうち前二対ははさみを持ち、雄の第二胸脚は体長の二倍に達するほど長く、立派であることからテナガエビと呼ばれます。宍道湖周辺ではナガテと呼ばれ親しまれています。

北海道以外の日本全土に分布し、比較的低地の河川・湖沼の砂泥底、特に河川の河口域や汽水湖に多く生息しています。

宍道湖では六月中旬から抱卵雌が出現し、その盛期は七月上旬から八月中旬と思われます。受精卵はふ化時まで雌が腹部に抱え、二、三週間でゾエア幼生としてふ化します。宍道湖のテナガエビは一生を宍道湖の中で過ごすと思われますが、その生態は未知な部分が多く、今後の調査を期待します。

本種は美味であり、煮てよし、焼いてよし、空揚げにするとさらによし。また生時は淡褐色であるが、熱を通すと鮮やかな赤色になり、長い手も立派で見栄えもよく、食材としても一級品です。

宍道湖ではエビ篭（かご）、シバ漬け、マス網などで漁獲されます。宍道湖七珍にこのテナガエビが入っていなくて、中海を主産地とするモロゲエビ（本庄エビ）が入っているのは少し疑問に思います。ちなみに昨年度決まった中海十珍にはモロゲエビ（本庄エビ）が選ばれました。

エビの仲間は生態系の変化に影響を受けやすく、宍道湖でも産卵場や生息場所である藻場、石垣、浅場を失ったことによって、その資源量が減少しています。宍道湖の生態系の復元をエビたちは待ち望んでいると思います。

（日本シジミ研究所・中村幹雄所長）

テナガエビ（日本シジミ研究所提供）

2006年7月4日付掲載

エビの仲間

他魚類の餌になり減少

前回、宍道湖に生息するテナガエビについてお話ししましたが、今回は宍道湖に生息するその他のエビ、スジエビ、ユビナガスジエビ、シラタエビについてお話しします。この三種はいずれもテナガエビ科に属していますので、形態的、生態的にもテナガエビによく似ています。この三種はどれも小型のエビであるため、生涯を通じて他の魚類のとてもいい餌となっています。漁師はこれらのエビをウナギ、スズキなど、はえ縄の餌としても最高であると言っています。しかし近年は、はえ縄の餌に困るほどこれらのエビの資源は減少しているとのことです。

〈スジエビ〉スジエビは体長五センチ程度の淡水産小型エビで、宍道湖では塩分の薄い斐伊川河口周辺を中心に同湖西岸に多く生息しています。生きている時は透明で腹部にある七条の黒褐色のしま模様がはっきり見えるのが大きな特徴です。

また、額角の歯の数は五、六本あります。通常、岩の下や藻場に多く生息しており、泳ぐのはあまり得意ではないようです。

〈ユビナガスジエビ〉ユビナガスジエビはこれまでの調査では報告されていません。これは、ユビナガスジエビは前のスジエビと分類・同定されてきたためだと思います。従来、スジエビと分類されたエビはスジエビとユビナガスジエビであったようです。

スジエビが主として淡水域に生息するのに対してユビナガスジエビは汽水湖に生息します。従って、宍道湖・中海の両湖に生息します。またスジエビに比べると体色は褐色のものが多く背中に一本のスジがあります。また額角の歯はスジエビが五、六本に対してユビナガスジエビは十、十一本あるので判別できます。

〈シラタエビ〉汽水性、宍道湖・中海に生息しています。

体色は透明で、脚部のスジはありません。本種は額角が弓状に細長く、第二触角（ヒゲ）が青いのが特徴で、他の種と判別することができます。また前二種と異なり本種は砂の上を好み、水面をはねて泳ぐことがあります。繁殖期のエビには青い大きな斑点もあります。

魚もエビも近似種の分類・同定は難しいものです。特にユビナガスジエビの分類・同定については今後詳しく検討する必要があると思います。

（日本シジミ研究所・中村幹雄所長）

宍道湖のエビの仲間たち
（日本シジミ研究所提供）

2006年7月11日付掲載

モクズガニ

松葉ガニに劣らぬうま味

　モクズガニはカワガニ、ケガニ、ズガニ、ズボテなど多くの名で呼ばれ親しまれています。両手の大きなはさみの部分に長い軟毛が密生し、藻くずがついているように見えることからモクズガニと名づけられました。また、防寒用の手袋をはめているように見えることから、英語では手袋ガニ（Mitten crab）とも呼ばれています。中国で人気のシナモクズガニ（上海ガニ）は近縁種です。

　モクズガニは日本各地の河川の上流から河口、沿岸域まで生息しています。四、五年かけて川で成熟したカニは、秋（八～十一月）になると交尾や産卵のために川を下ります。雌は交尾した後、河口や沿岸沖で産卵するようです。産卵や卵の発生、幼生の成長は塩分がないとできません。幼生は数回脱皮した後、稚ガニに変態します。

　沿岸や内湾で育った稚ガニは春になると約一センチに成長して再び川を上ります。親ガニのほとんどは産卵を終えると体力を消耗して死んでしまいます。

　しかし、宍道湖のモクズガニの生態については残念ながら十分には分かっていません。

　モクズガニは熱を加えると、写真のようにとってもおいしそうな美しい赤色に変わります。それは、色素カロテノイドと蛋白（たんぱく）が結合した複合体のカロテノイドプロテインの結合が加熱のため切れて赤色色素のアスタキンサンチンが遊離するためです。

　そのうま味の濃さは松葉ガニに勝るとも劣りません。なぜ、「宍道湖七珍」に選ばれなかったのか不思議な気持ちがします。

　私たちが子どものころは、県内のどこにでも大量に生息しており、秋に川を下るカニを簡単に捕って食べていました。

　しかし近年、河川改修や湖岸のコンクリート化により、すみかや隠れ家を失い、また堰（せき）などの建設によって溯上（そじょう）が妨げられ、モクズガニは激減してしまいました。

（日本シジミ研究所・中村幹雄所長）

モクズガニの塩ゆで（日本シジミ研究所提供）

2006年7月25日付掲載

ボラ

刺し身 タイに劣らぬ味

ボラは淡水でも海水でも生息することができ、日本のみならず世界中どこでも生息しています。成長するに従ってハク、オボコ、イナ、ボラ、トドなどと名前の変わる出世魚でもあります。トドのつまりというのはここから出ています。

ボラの体は棒状で、頭の背面は広く平たくとっても硬いです。背面は灰青色、腹面は銀白色で側線はありません。胸鰭（ひれ）の基底部に青色の斑紋があること、成魚では著しく脂瞼（しけん＝目の表面の膜）が発達すること、体側に数本の暗色縦線があることで同属同種と区別することができます。

ボラは成長し産卵するまでに何度か宍道湖と中海、海を行き来します。春になると中海・宍道湖に上り、冬になると大部分は海に下ります。十～一月ごろ外海または外海に面した所に移動し、そこで産卵すると思われます。

ふ化した仔魚（しぎょ）は冬から春にかけてハク（約三センチ）に成長すると群れをなして沿岸に来遊し、さらに汽水域に進入します。この時期には餌が変わり、表層のプランクトンから、底質表面の付着藻類や有機物、ゴカイなどの底性動物を泥と一緒に食べるようになります。

このような泥を食べる食性のため、腸は著しく長く、胃の幽門部は厚い筋肉になっています。その胃は特異な形から「ボラのへそ」「そろばん玉」と呼ばれ、軽く塩をしてあぶれば、こりっとした歯触りが最高です。

新鮮なボラはウロコはそのままで皮をはぎ、泥の詰まった腸を傷つけないように取り去り、腹の内面にある黒色の薄い膜を完全に取り去るようにして調理すれば、そのピンク色の刺し身はタイに決して勝ると劣るものではありません。

しかし、残念なことに近年はコノシロやサッパ、セイゴと同じように宍道湖・中海に大量に生息しているのに漁業資源としてほとんど利用されていません。

宍道湖・中海の漁業振興のためにはこのような未利用水産資源が昔のように十分に活用されることが重要だと思います。

（日本シジミ研究所・中村幹雄所長）

ボラ（日本シジミ研究所提供）

2006年8月1日付掲載

ボラの仲間

生息するのはおおむね3種

「ボラ」は全国的な名称であり、「腹太」の意味です。宍道湖・中海に生息するボラの仲間はボラ、セスジボラ、メナダの三種です。しかし、宍道湖・中海で私たちが目にするボラはほとんどがボラ（マボラ）です。セスジボラは中海・境水道に生息し、メナダは美保湾に生息していて、まれに境水道、中海に入ってきます。

これら三種の特徴についてお話しします。

〈ボラ（マボラ）〉ボラは、他のボラと区別するためマボラと呼ばれることもあります。「マ」はその同種中の代表的なものであることを示す接頭語です。最も多く漁獲されている種に名付けられます。中海・宍道湖で皆が目にしているボラはほとんどがこのボラです。

胸鰭（ひれ）の基底部に青色の斑紋があること、眼に透明な膜状の脂瞼（しけん）が発達すること、体側に数本の暗色縦線があることで他種と区別できます。

〈セスジボラ〉背中の中央に強い一本の隆起線があるのが大きな特徴です。セスジ（背筋）ボラの名前もこれに由来しています。本種は小型のボラで、成長しても体長三〇センチ未満。食用にされることは少ないようです。

〈メナダ（ソウカンボラ、コイボラ）〉「メ」は「目」の意味で「ナ」は「の」という意味「ダ」は魚をあらわす接頭語の一つであるのでメナダは「目の魚」という意味になります。

また地方によっては「アカメ」「メアカ」「メクサレ」とも呼ばれています。唇と目が赤みを帯びていることで他のボラとの区別ができます。また中海では「ソウカンボラ」「コイボラ」とも呼ばれています。

ボラと比べると頭部がやや小さく、目は吻（ふん）に近く、全体の色調がボラに比べてやや黄みがかっている感じがします。

ボラよりも大きくなって全長九〇センチ以上にもなり、北日本や北海道ではボラよりも多く生息しています。

（日本シジミ研究所・中村幹雄所長）

ボラ
胸鰭の根元が青い
数本の暗色縦線がある
セスジボラ
背中線が隆起し背筋のようになる
メナダ
唇と眼が赤い
体色は黄味がかる

ボラの仲間（日本シジミ研究所提供）

2006年8月8日付掲載

イトヨ

雄が巣作り求愛ダンス

本種はトゲウオの仲間で、この地方ではケンザッコ（剣を持った小魚）と呼ばれますが、その名の通り、体にヒレが変化した鋭い棘（とげ）を持っています。また雄が排せつ孔から糸状の粘液を出して巣を作ることから「糸魚（イトヨ）」となっています。川で産まれ海に下る降海型と、一生を淡水域で過ごす陸封型がいます。陸封型は北海道の阿寒湖、大沼、福島県会津盆地、福井県大野盆地などの湧水（ゆうすい）地に分布が限られています。

本種の形態的な特徴は、冒頭にも述べた鋭い棘を持っていることと、鰓蓋（さいがい）の後ろから尾ビレの付け根にかけて、体側に大きなウロコ（鱗板）があることです。棘は、背に垂直に立つものが三本、腹部には左右に突き出す一対と尻鰭（ひれ）の前に小さなものが一本あります。背面は青味がかった黒色で、腹部は銀色をしています。

宍道湖・中海では、二、三月に産卵のために海から遡上（そじょう）した群れが見られるようになります。その後、流入河川へ遡上し、三～五月にかけて産卵が行われます。このころには雄に婚姻色が現れます。目が青くなり、背中の青味が増し、のどから腹にかけてとても美しい鮮紅色となります。本種は、雄が巣作り、子育てをすることが有名です。

雄は河川に遡上すると、産卵に適した場所に縄張りをし、河床に水草やその根などを自ら出す粘液でつなぎ合わせてすり鉢状の巣を作ります。他の雄が近づくと棘を立てて追い払います。巣が完成すると、巣の周りで棘を立て、ジグザグに泳いで雌を誘う求愛ダンスをして、巣に卵を産み付けさせます。雌は産卵後に死にますが、雄はふ化した稚魚が巣を離れるまで保護し、その後、死にます。

県内では、かつて産卵期の春には、宍道湖・中海およびその流入河川（斐伊川水系）も含め、全県下の河川の下流域や水田の用水路に普通に見られました。しかし現在では、県版のレッドデータブックで絶滅危惧（きぐ）種に指定されるほど、その数を減らしています。産卵のために遡上する川や水田の用水路がコンクリート護岸化され、巣の材料の水草が繁茂する環境が失われるなど、環境改変が進んだことが本種の生息量減少の原因の一つとも考えられます。

（日本シジミ研究所・原田茂樹主任研究員）

婚姻色の美しいイトヨの雄
（日本シジミ研究所提供）

2006年8月22日付掲載

メダカ

環境変化し絶滅危惧種に

かつてメダカは全国の水田や小川、池、沼などどこにでも生息しており、かつ誰の目にも触れやすいこともあって、全国で地方名は数多く、三千以上もあるそうです。

標準和名のメダカの語源は、大きな眼が頭の上に出ているので目が高い「メタカ」という説があり、英名ではｒｉｃｅ　ｆｉｓｈ（米の魚、つまり水田に住んでいる魚）、あるいはｋｉｌｌｉｆｉｓｈ（小川に住んでいる魚）と呼ばれています。

童謡に「メダカの学校は　川の中　そっとのぞいてみてごらん　そっとのぞいてみてごらん　みんなでお遊戯しているよ」とあるように、私の子どものころにはメダカが最も身近な魚であり、メダカは幼きころの懐かしい思い出と結びついています。

主に水田やその周りの小川に生息していますが、メダカは意外と塩分に対する耐性があるようで、大橋川の湿性地は〝メダカの楽園〟と思われるほどたくさんメダカがいます。

食性は雑食性で、動物プランクトンを主として利用しています。また顕著な昼行性で夜は水草の中でじっとしています。産卵期は四～十月で年二、三回行われます。

面白いことに雌は産卵・受精後の卵塊をしばらく腹部に付着させたまま泳いでいて、その後水草などに付着させます。

ふ化した稚魚は早いもので二カ月、通常四～六カ月で成熟し、二センチ程度で産卵することができるようになります。このように産卵周期が短いということは、水田や用水など変動の大きい、不安定な生息環境に、種族保存のため適応したものと考えられます。

こんなにどこにでもいたメダカが、近年、特に水田を中心とした自然環境の変化によって減少してしまい、私たちの身近に見ることができなくなってしまいました。そのためメダカを知らない子たちが増えたことは大変悲しく思います。

また、メダカ減少の原因は自然環境の変化だけでなく、特定外来生物種に指定されたカダヤシとの競合や、ブルーギル、オオクチバスに捕食されるなどの外来生物の影響もあります。

最も「ふつう」で身近な魚であったメダカが、環境省レッドデータブックでは絶滅危惧（きぐ）種に指定される時代になってしまいました。これは身近な自然環境の変化を象徴している事例のひとつだと思います。

（日本シジミ研究所・中村幹雄所長）

メダカ（日本シジミ研究所提供）

2006年8月29日付掲載

オオクチバス（ブラックバス）

強い肉食性　生態系乱す

（日本シジミ研究所・中村幹雄所長）

オオクチバスは「大きな口のバス」、ブラックバスは「黒い体色のバス」といずれも英名を直訳したものです。オオクチバスが標準和名になっていますが、一般的にはブラックバスと呼ばれることが多いようです。

原産地はカナダ、北アメリカで、一九二五年に食用の目的で箱根芦ノ湖に移入された外来魚です。

オオクチバスの名が示す通り、成魚では上あご後端が目の後端を超えるほど大きく、その大きな口で小魚といわず、エビ、水生昆虫など手当たり次第に食べる肉食性の魚です。この魚が増えると、水系の生態系は大きく乱れ、その水域に生息していた在来の貴重な魚種は激減して漁業にも悪影響を与えることになります。

産卵は、雄が湖底を掃除して直径五十センチほどの巣をつくり、成熟した雌を巣に導いて数百粒の卵を産ませます。そして雄は卵とふ化稚魚を守り、近づく敵を追い払います。ふ化稚魚は初期には動物プランクトンを食べていますが、五センチにもなると完全な肉食性になります。

移入の当初の目的だった養殖用としては定着しませんでしたが、釣り人にとっては、その強い攻撃性を利用したルアーフィッシングはたまらぬ魅力であるようで、現在は釣りの対象魚として人気があります。

そして釣り人はオオクチバスを増やすために、釣った魚を再放流し、時には別の水系へと持ち込んで放流します。このため、現在では全国各地の湖沼・河川に分布が広がり、オオクチバスによる、その水域の生態系の変化が大きな問題となっています。

オオクチバスが湖沼において在来の生態系をどれだけ乱してきたか、そしてその地域の漁業に大きな被害を与えているかを考え、決してオオクチバスを他の場所に放流することのないようにお願いします。

宍道湖は幸い汽水湖であるために、オオクチバスの繁殖が抑えられているものと思われますが、いつオオクチバスが繁殖し、貴重なシラウオやワカサギを食べるようになるかもしれません。そんなことがないようにしたいと思います。

オオクチバス（日本シジミ研究所提供）

2006年9月5日付掲載

ブルーギル

旺盛な食性　在来魚阻害

ブルーギルはオオクチバスと同様、サンフィッシュ科のブルーギル属の外来魚であり、日本には一九六〇年に北アメリカから移入されました。鰓蓋（さいがい）の上後端部に大きなへら状の突起があるのが特徴で、その色が青黒色をしていることから「ブルー・ギル・サンフィッシュ＝青い鰓（えら）のサンフィッシュ」と名付けられました。当初は食用魚として期待が大きく、研究に力が注がれましたが、成長が悪く魚体が小さいため養殖魚として利用されることはありませんでした。しかし、その旺盛な繁殖力によって、瞬く間に全国各地に分布を広げました。

　本種は湖の沿岸や河川の水草帯に生息しています。宍道湖では大橋川の湿性地に皆の想像以上に多く生息しています。産卵期は六、七月で、雄が湖沼河川の浅い砂泥底に産卵床を作り、雌を誘って産卵させます。雌は産卵後すぐに産卵床から離れますが、雄は卵の近くにいて卵を食べに来る他の魚を攻撃して追い払います。

　また、尾びれなどを使って水流を起こし、卵に酸素を送るとともに、ごみや泥などが付着するのを防いでいます。このような親による卵の保護行動によって、初期減耗（げんもう）を防いでいることが、ブルーギルがどこにでも繁栄することができる大きな要因とも考えられます。

　食性は、成長や餌の量に応じて柔軟に変化させることができます。水草の中のエビ類を主食とする場合が多いですが、成魚は他の魚の卵や仔魚（しぎょ）、稚魚も盛んに食べます。オオクチバスの卵も大量に食べ、オオクチバスの天敵になっているようです。

　ブルーギルの恐ろしさは、他の魚の卵をどんどん食べてしまうため、他の魚の繁殖を阻害してしまうことです。琵琶湖ではスジエビやせっかく放流したホンモロコもブルーギルの餌になっているそうです。

　このようにブルーギルはオオクチバス同様、その食性によって湖沼・河川の在来魚に大きな影響を与え、生態系を大いに乱しています。このような外来種の放流は厳に慎まなければなりません。時には法令によって強く制限することも必要だと思います。

（日本シジミ研究所・中村幹雄所長）

ブルーギル（日本シジミ研究所提供）

2006年9月12日付掲載

ギンブナ

身近に生息、実は雌だけ

「ウサギ追いしかの山、小鮒(ぶな)釣しかの川」と童謡で歌われたようにフナはコイとともに古くから日本人に親しまれた身近な淡水魚です。

フナ類は形態、生態ともに変異に富むので分類には定説がありませんが、大きく分けるとギンブナ(マブナ、ジブナ)、キンブナ、ゲンゴロウブナ(カワチブナ、ヘラブナ)、ニゴロブナなどに分けられます。

宍道湖に昔から生息していたフナはギンブナで、地ブナ、真ブナと呼ばれ、日本各地に最も普通に分布しており、浅い湖沼や流れの緩やかな河川、水田の周りの小川などに広く生息しています。

ギンブナはわが国のフナ類の中では体色の銀色が最も強いので銀ブナと名付けられました。体高はゲンゴロウブナほど高くはありませんが、キンブナやニゴロブナよりは高いです。

雑食性で、ユスリカの幼虫やイトミミズなどの底生生物や藻類、プランクトンなどを食べ、水草の新芽も食べます。

産卵期(四～六月)になると雨で濁った後などに沿岸の水草などに卵を産みつけます。昔は水田や水田周りの小川にも産卵のために上ってきていました。

ギンブナの生態で特筆すべきことは、ギンブナには雌だけしかいないことです。そしてギンブナの染色体は百五十もあり、しかも三倍体であり、ギンブナの卵は、ウグイやドジョウなどコイ科の他の種の精子によって卵発生を開始させることができます。したがって雌親だけの遺伝子を持った子どもが産まれます。

このように雌の遺伝子だけで子どもをつくる生殖方式を雌性発生といいます。

ギンブナはゲンゴロウブナに比べ身が赤く弾力もあり、よりおいしいので、宍道湖の漁業者は昔から生息しているギンブナの方を好む人が多いようです。

一般にはフナは泥臭いという強い先入観がありますが、宍道湖の寒ブナは塩分があるためか、その身は甘味が強くて歯応えがあり、泥臭さは全くありません。フナの「うまさ」を知らない人が多いようですが、寒ブナの「洗い」「甘露煮」「みそ汁」は非常に美味です。フナは宍道湖の七珍に加えたい魚種の一つです。

(日本シジミ研究所・中村幹雄所長)

ギンブナ
(日本シジミ研究所提供)

2006年9月26日付掲載

ゲンゴロウブナ

釣りの対象魚として人気

　ゲンゴロウブナは琵琶湖と淀川水系にのみ生息していましたが、全国各地に移植放流が繰り返され、移植先で定着し、今では全国各地の湖沼や河川で普通に分布しています。

　宍道湖でも移植によって増え、今まではもともといたギンブナと混在しています。

　ゲンゴロウブナ（源五郎）の名の由来には、二つの説があり、その一つは近江の源五郎という漁師が毎年このフナを殿様に贈ったことを由来とする説と、大津の源五郎という魚屋さんがこのフナのみを扱っていたということを由来とする説があります。

　また、河内の国でこのフナの養殖が盛んで品種改良を加えられたので河内（カワチ）ブナと呼ばれ、また釣り堀では体高の高い体形からヘラブナとも呼ばれています。

　本種は微小な植物プランクトンを主食としています。餌となる微小な植物プランクトンを鰓（えら）の内側にある鰓耙（さいは）でこし集めるため、フナ類の中では鰓耙が最も長く、数も多く微細な餌を食べるのによく適応しています。

　またその食性のため腸なども長く体長の五倍近くあり、鰓耙数も百〜百二十あります。他のフナは七十以下なので、この数を見ることで他のフナと容易に区別することができます。また形態的特徴は他のフナに比べて体高が著しく高いことです。このことでも他種と区別できるでしょう。

　宍道湖では時には五〇センチ以上の大きなゲンゴロウブナが採捕されることもあります。

　また本種は釣りの対象魚として人気があり、「釣りはフナに始まり、フナに終わる」といわれるように奥深い釣りのようです。この釣りの妙味は、細く長い一本の浮きに表れる微妙な変化にあわせることのようです。何となくバス釣りに比べ日本的な好ましい釣りに思えます。

（日本シジミ研究所・中村幹雄所長）

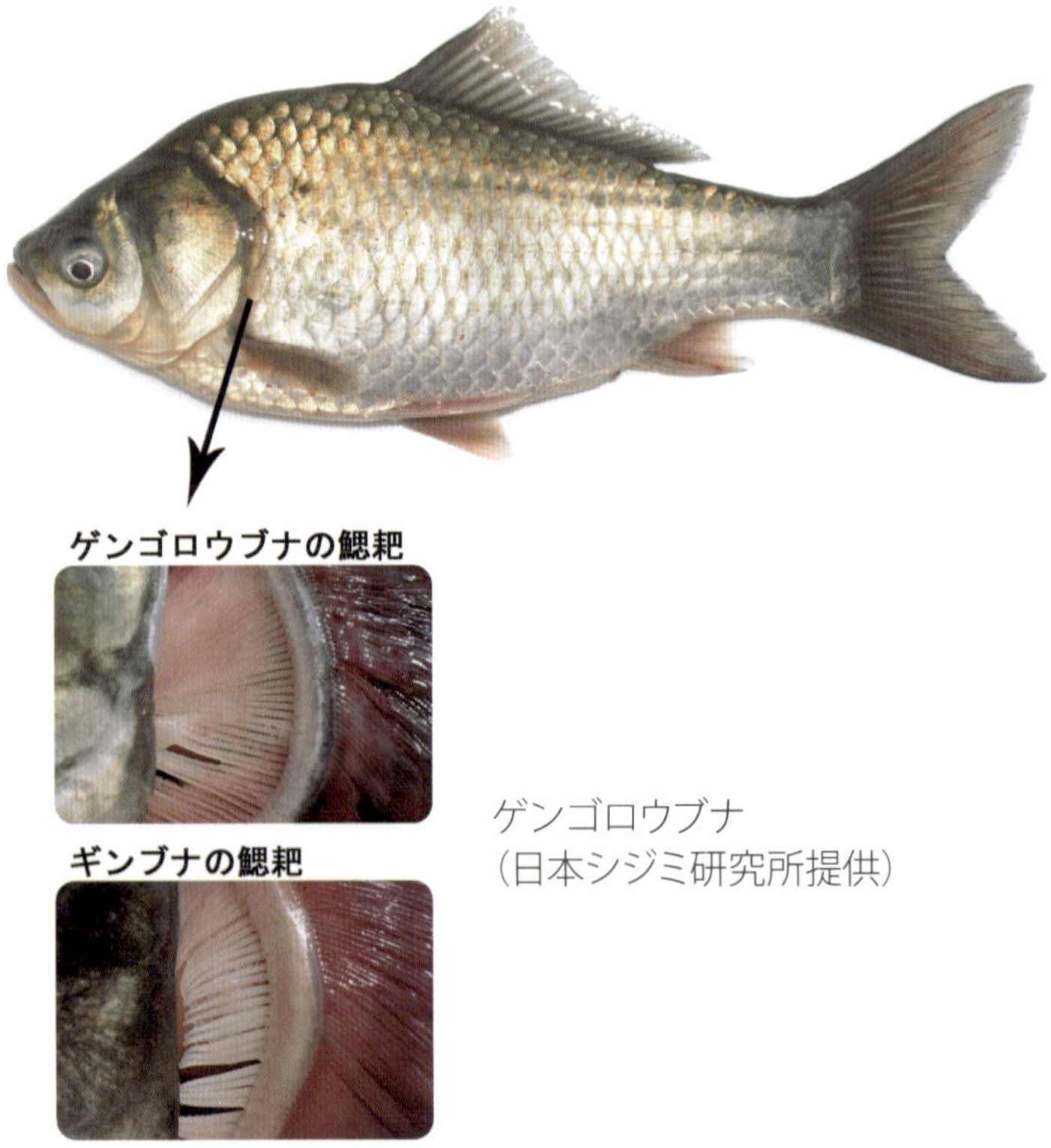

ゲンゴロウブナ
（日本シジミ研究所提供）

2006年10月3日付 掲載

シンジコハゼ

雌に顕著な婚姻色出現

本種は一九八四年に日本産の新種のハゼとして報告され、宍道湖で発見されたゆえに「シンジコハゼ」と命名されました。それまで「ジュズカケハゼ」「ビリンゴ」と酷似しているため、この両種として扱われていることが多かったようです。

本種は主に宍道湖に分布しており、食性は雑食性で、アミ類やユスリカ幼虫、藻類などを食べています。宍道湖では沿岸部の浅く、波浪の影響をあまり受けない場所に多く生息しています。

産卵期は三、四月です。産卵は雌が湖底に巣穴を掘って雄を誘って行いますが、多くの個体は産卵後に死んでしまいます。一般的に魚は雄に婚姻色が顕著に現れることが多いのですが、大変珍しいことに、シンジコハゼの場合、雌に顕著な婚姻色が現れます。雌は、頭部下面、腹ビレ、尻ビレが黒くなり、体側には鮮やかな数条の黄色い横帯が現れます。

また、近縁種のビリンゴはこの雌の婚姻色の黄色い横帯があまりはっきりせず、ジュズカケハゼの婚姻色はシンジコハゼと似ています。この三種は目の後方にある感覚管を見ることで区別でき、ビリンゴは感覚管の感覚孔が三対、シンジコハゼは二対あり、ジュズカケハゼには感覚管がありません。しかし、この感覚孔はとても小さく見えにくいため、一般にはほとんど区別されることはありません。

ビリンゴは主に中海に、シンジコハゼは宍道湖に生息しており、ジュズカケハゼは宍道湖・中海一帯には生息していません。ビリンゴやシンジコハゼは、他の小型ハゼ類と一緒にして地元では「メゴズ」と呼ばれています。

シンジコハゼは、宍道湖以外ではわずかしか確認されておらず、環境省、島根県の両方で絶滅危惧（きぐ）種に選定されています。唯一の大規模生息地である宍道湖においてシンジコハゼがいつまでも生息できるように、汽水湖宍道湖の自然環境の保全に努めなければならないと思います。

（日本シジミ研究所・原田茂樹主任研究員、鶯海智佳主任研究員）

シンジコハゼ（日本シジミ研究所提供）

2006年10月17日付掲載

クロベンケイガニ

特別な呼吸法で陸上生活

写真をよく見てください。本種をよく見ると何か弁慶を彷彿（ほうふつ）させませんか？甲羅の模様が弁慶の形態を連想させるからこの名がついたといわれています。壇ノ浦の戦いで敗れ、海に沈んだ平家の悲しい顔に似ているということで名付けられたヘイケガニと対抗してつけられたのでしょうか。

クロベンケイガニは河口域や汽水湖に棲（す）む小型（甲幅三五ミリ）のカニで、宍道湖沿岸のヨシの中や湿った泥の中に多くみられます。

本種はカニ類には珍しく、特別な呼吸法によって陸上生活ができるため、陸上の湿った土に穴を掘り、その中で生活し、夜間は水辺の湿った場所を歩き回って餌をとることができるのです。

完全な雑食性であり、動植物の区別なく、また生死にかかわらず、なんでも食べてしまう掃除屋さんです。

七、八月の満潮時に、幼生（ゾエア）を水中に放出し、その幼生は引き潮とともに沖に下り、稚ガニ直前の幼生（メガロッパ）になると岸に近づいて、稚ガニになると陸上生活に移ります。

このように生活の大部をヨシ原の中や泥の中で過ごすために、その存在があまり知られていませんが、生息域においては多数生息しています。

なぜ、このクロベンケイガニは他のカニのように水中での生活を捨て、あえて陸上を主たる生活の場と選択したのでしょうか。

類似種にアカテガニやベンケイガニがいますが、本種はこれらのように体色が赤や黄色になることはなく、黒っぽい色彩をしているので識別できます。

はさみの色は赤紫色を帯びて大きく、白い斑点が多数点在しており、脚に長い黒色の毛が生えています。また、幼生は魚類の餌となり、稚ガニはサギなどの鳥に捕食され、脱皮直後のカニはウナギの餌に使われるそうです。

本種を保存するためには生息域である湿地やヨシ原の保全が重要であり、また縦横に巣穴をつくるので、コンクリートで護岸を固めないことが何よりも大切です。

（日本シジミ研究所・中村幹雄所長）

クロベンケイガニ（日本シジミ研究所提供）

2006年10月31日付掲載

オイカワ

産卵期の雄　体側に婚姻色

本種はコイ科の淡水魚で、北陸・関西以西の本州・四国・九州に分布しています。もともと宍道湖には生息していませんでしたが、琵琶湖からのコアユの放流に交じって斐伊川水系の河川に多く分布するようになり、宍道湖でも雨が降った後などには周辺の河川から下ってきて、定置網で漁獲されることがあります。

学名は「Zacco　platypus」といい、この「Zacco」は日本語の「雑魚（ざっこ、ざこ）」が語源と言われています。本種は、川や農業水路などの水際で仔（し）稚魚が群れ、ウグイやカワムツなどの仔稚魚と一緒にすくい網でたくさん捕れることがあります。この様子がまさしく「雑魚」を表していると思います。また、関東ではヤマベ、ハヤ、関西ではハエ、ハヤ、ハスなどと、地方によってさまざまな呼び名が付けられており、広く親しまれていることがうかがえます。

成魚は主に河川の中・下流域や農業水路の流れの緩やかな平瀬などに生息し、雑食性で付着藻類や流下・落下してくる昆虫などを食べます。

腹部と体側は銀白色で、体側に赤みを帯びたやや不規則な横帯が並びます。五月から八月の産卵期には、雄は青緑色と赤色を交えた婚姻色が体側に鮮やかに色づき、淡水魚の中ではひときわ目立つ存在となります。また、頭部や尻鰭（ひれ）などに白いイボ状の追星（おいぼし）が現れ、尻鰭が伸びて大きくなります。そして、流れのある平瀬の砂礫（れき）底に群れをなして集まり、雄が雌を追いかけて、雌の体を押さえ込んで一対一で産卵します。

汽水域は、本種のような主に川に生息する淡水魚から、汽水魚、海水魚までいろいろな魚類が、季節によって移動、産卵、採餌、越冬しています。川・湖・海のつながりやその多様な環境によってこのような生き物たちが生息できることは、とても貴重な地域の財産だということを忘れてはならないと思います。

（日本シジミ研究所・宗村知加子主任研究員）

婚姻色の出たオイカワの雄
（日本シジミ研究所）

2006年11月7日付掲載

ヤマトシジミ①

最も大切な自然の恵み

　ヤマトシジミは宍道湖が私たちにくれた大きな大きな自然の恵みです。

　宍道湖が内水面漁業の中で日本一の漁獲量を誇れるのもヤマトシジミのおかげです。

　私はその魅力にひかれ宍道湖の生物の中では最も大切なものとの思いをもって、約三十年その調査や研究を続けてきました。その研究の成果をもとにヤマトシジミの生態と漁業について今週より数回にわたって紹介したいと思います。

　日本に生息しているシジミ属は写真のようにマシジミ、セタシジミ、ヤマトシジミの三種です。

　マシジミは水田周辺の小川を中心に生息していましたが、現在はその生息環境の悪化によってほとんど姿が見られなくなりました。

　セタシジミは琵琶湖の特産種であり、かつて六千トンも漁獲されていましたが、近年は二百トン前後に激減してしまいました。

　したがって現在、市場で見られるシジミはほとんどヤマトシジミです。一般にシジミと言っているのはヤマトシジミだと考えていいと思います。

　宍道湖に生息しているシジミも、もちろんヤマトシジミです。

　しかし近年、中国、韓国、北朝鮮、台湾などから外国産シジミが輸入され、従来の日本産シジミと偽って販売されるなど社会的な問題も起きています。

　このような外国産のシジミが日本の河川湖沼に放流されることのないようにしなければなりません。

　次回はヤマトシジミの生態的特徴をお話しします。

（日本シジミ研究所・中村幹雄所長）

	マシジミ	セタシジミ	ヤマトシジミ
分布・生息域	淡水	淡水	汽水
	全国の小川	琵琶湖にのみ生息	汽水湖・河川感潮域
発生	雌雄同体	雌雄異体	雌雄異体
	卵胎生	卵生（受精）	卵生（受精）
浮遊期	ない	短い（数時間）	長い（3～10日）
染色体数	54（3n）	36（2n）	38（2n）

日本に生息するシジミ３種（日本シジミ研究所）

2006年11月21日付掲載

ヤマトシジミ②

生殖左右する塩分濃度

【食性】ヤマトシジミは湖底の砂泥に潜って生活しており、取水管を使って水と一緒に水中の植物プランクトンを体の中に吸い込み、鰓（えら）でこしとって食べます。鰓から取り込まれた餌は内臓を包んだ袋（外套膜）の前端背方にある口に運ばれます。

　口の中に歯舌はありませんが唇弁という左右二対の肉片で食物の適否を選別します。餌として使用できない砂などは、胃に取り込まないで直ちに排出します。

【産卵生態】写真のようにヤマトシジミには雄と雌があります。

　雄は貝の内部の生殖巣が白く、雌は黒いので雌雄の判別ができます。

　雄は精子を、雌は卵をそれぞれの出水管から水の中に放出し、水中で受精します。

　産卵時期は水温との関係が強く、地域、年によって多少異なりますが、七、八月が最盛期です。

　生後三年、一五ミリ前後になると産卵可能となり、成熟した雌は〇・一ミリ前後の卵を十万～百万個も抱卵しています。環境さえ良ければヤマトシジミの再生産力は大きいので、驚くほど多い宍道湖のヤマトシジミ漁獲量にも減少することなく資源が維持されています。

　しかし、汽水の環境が乱れると産卵はうまくいかなくなります。

　シジミの卵の細胞膜は塩分濃度の低い方から高い方に水を通す性質があります。ですから、宍道湖が淡水化されると、水中の塩分が低くなり、淡水より塩分濃度の高い卵は吸水して膨張し、受精・発生が不可能となります。ということは子どもが生まれないということですから、宍道湖のシジミが何年かのうちに消滅してしまうことになります。

　また、中海のように塩分濃度が高いところでは、卵の中の水が細胞膜を通して外に出て、卵は委縮してしまい、これまた受精・発生が不可能となります。

　大切なことは、現在の宍道湖のように淡水と海水が混じり合い、卵の中の塩分濃度（浸透圧）とほぼ同じ濃度の塩分濃度でないと、ヤマトシジミの産卵や受精がうまくいかないということです。

　ヤマトシジミの産卵に最適な塩分濃度は海水の十分の一から五分の一程度のようです。

　宍道湖の塩分濃度がヤマトシジミの再生産にとって、非常に重要であることがお分かりいただけたでしょうか。

（日本シジミ研究所・中村幹雄所長）

雄

雌

ヤマトシジミの雄と雌（日本シジミ研究所提供）

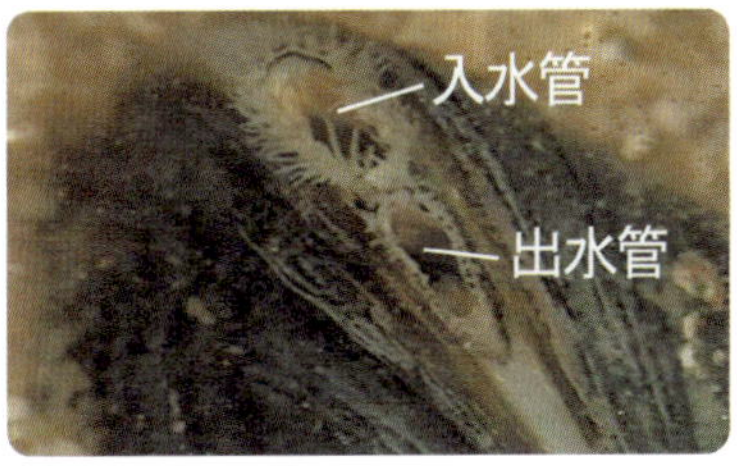

2006年11月28日付掲載

ヤマトシジミ③

長期の浮遊で生息広げる

ヤマトシジミの産卵から着底までは水の中で進んでいる上に、ミクロの世界であるため、これまでほとんど知られていませんでした。

しかし、私たちは産卵誘発で得られた受精卵を、稚貝になるまで顕微鏡下で繰り返し観察し、初めて発生の全ステージを明らかにすることができました。今回の写真はヤマトシジミが稚貝になるまでの各ステージを写したものです。

ヤマトシジミは雌雄異体で雌は卵を、雄は精子を出水管から放卵・放精し、水中で受精します。

受精後は、水中に浮遊しながら卵割を続け、トロコフォラ幼生、ベリジャー幼生という二つの幼生段階を経て、稚貝となって着底します。

幼生時には主として底層近くで浮遊生活を続け、十日前後で殻長〇・二ミリぐらいになったころ、底質の基質に沈着します。この底生移行時には足糸腺から分泌した足糸を砂礫(れき)に絡めて着底します。

このように発生の過程で幼生として長期間にわたって水中に浮遊することが本種の特徴であり、そのことが生息範囲を拡げることにもなるのです。

(日本シジミ研究所・中村幹雄所長)

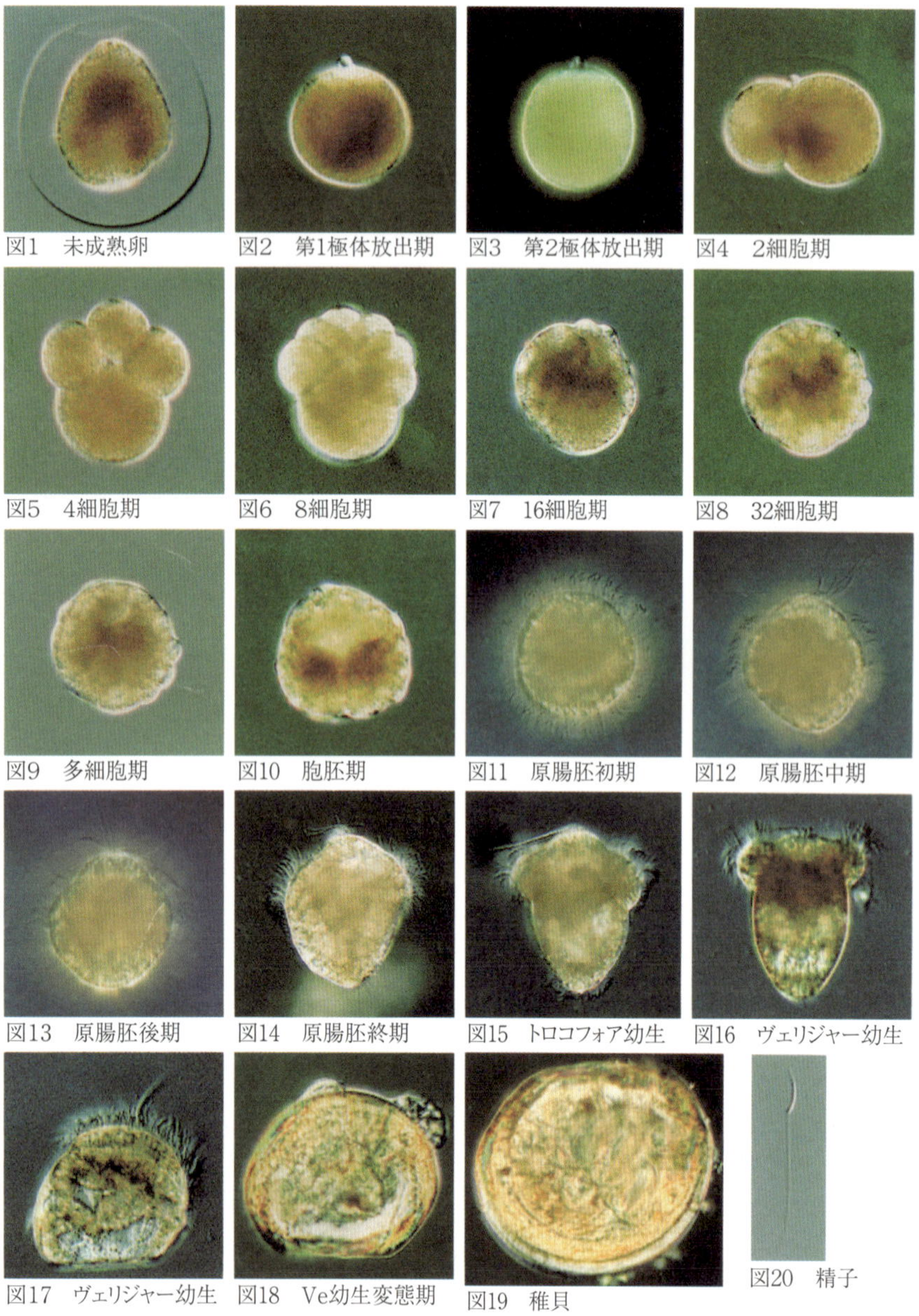

図1 未成熟卵　図2 第1極体放出期　図3 第2極体放出期　図4 2細胞期
図5 4細胞期　図6 8細胞期　図7 16細胞期　図8 32細胞期
図9 多細胞期　図10 胞胚期　図11 原腸胚初期　図12 原腸胚中期
図13 原腸胚後期　図14 原腸胚終期　図15 トロコフォア幼生　図16 ヴェリジャー幼生
図17 ヴェリジャー幼生　図18 Ve幼生変態期　図19 稚貝　図20 精子

スケールは図1～19：50μm、図20：100μm

ヤマトシジミの発生(日本シジミ研究所提供)

2006年12月5日付掲載

ヤマトシジミ④

資源保護へ環境維持重要

(日本シジミ研究所・中村幹雄所長)

あらゆる生物の生活は、多くの環境要因に適応して生きていくことであり、適応できる生物のみが、その環境の中で自らの位置を獲得していきます。

宍道湖ではヤマトシジミが現状の環境の中で最も良く適応して、最も大きな位置を占めている生物です。

それゆえに、宍道湖においてヤマトシジミがその環境とどんな関係を持ちながら生きているのかを知ることが、シジミ資源の保護や増大の対策を考える上で最も重要なことです。

私は長年、ヤマトシジミとその環境について調査や研究を行ってきました。一九八二年には、宍道湖において二百四十八地点もの調査地点をとり、水質・底質・底生生物等の総合的な調査を行いました。

その調査を基盤として、その後も調査を重ね、ヤマトシジミと環境との関係を少しずつ明らかにしてきました。

宍道湖には約三万〜八万トンの大量のヤマトシジミが生息しています。

宍道湖においてヤマトシジミが生息する環境は水深約四メートル以浅、溶存酸素飽和度約50%以上、泥含有率約90%未満でありました。

また、ヤマトシジミが一平方メートル当たり千個体以上生息していた好適な生息環境は、三・五メートル以浅、酸素飽和度80%以上、泥含有率10%以下でした。

宍道湖においてヤマトシジミの生息を制限する環境要因はいろいろありますが、その後の調査によって底質の泥含有量と底層水の溶存酸素量減少が、最も大きな要因であることがわかりました。

宍道湖で時折発生するヤマトシジミ大量へい死の原因も、底層水の貧酸素化が大きな原因の一つだと思われます。

また、宍道湖ヤマトシジミの再生産にとって最も重要な環境要因が塩分濃度であることは先々週述べた通りです。

したがって宍道湖のヤマトシジミ資源の保護・増大のためには貧酸素水対策と底質のヘドロ対策、そして現状の塩分濃度の維持が最も重要だと思います。

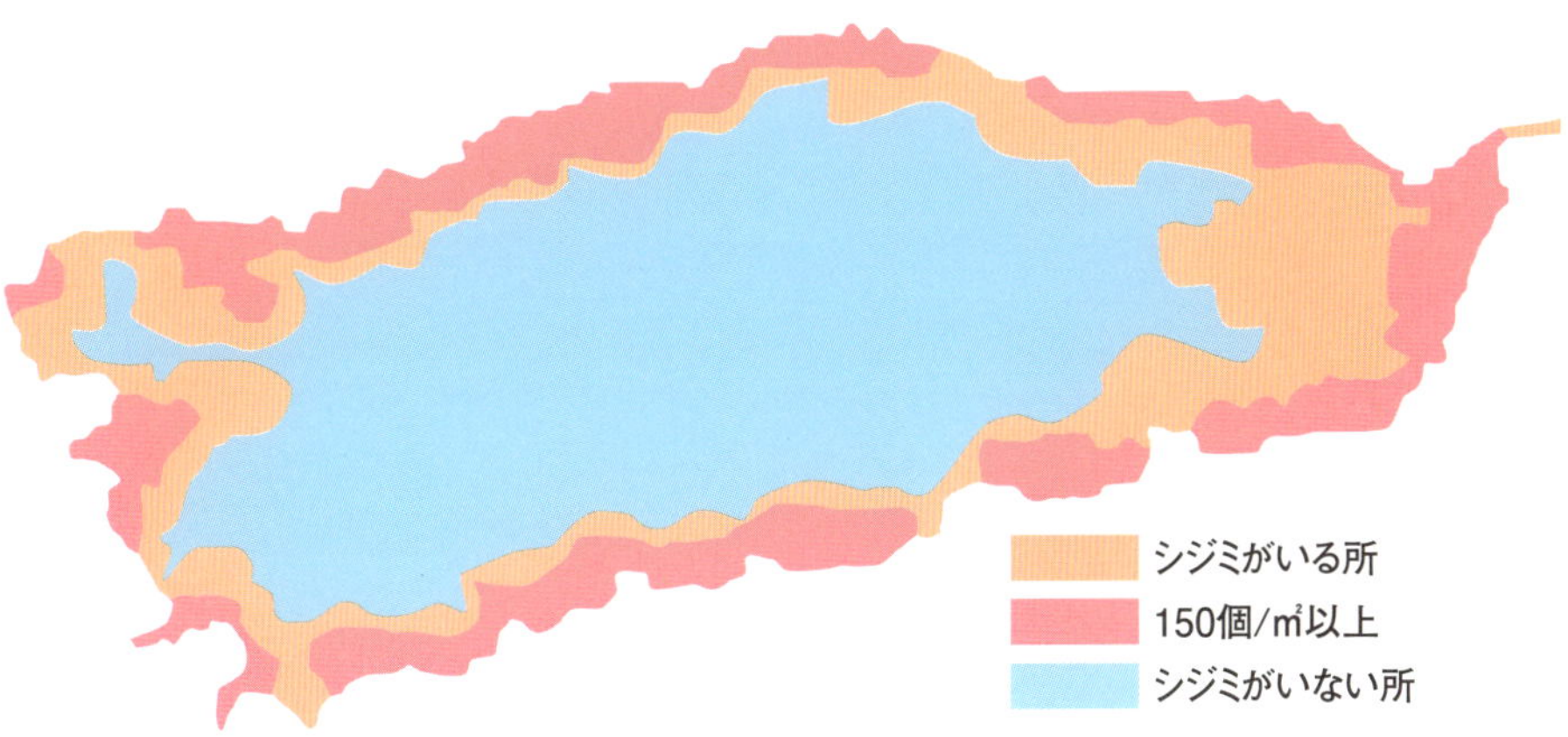

宍道湖における
ヤマトシジミの生息分布

2006年12月19日付掲載

ヤマトシジミ⑤

水質浄化に大きな役割

前回、湖の環境がヤマトシジミの生息を制限することをお話ししました。

今回は反対にヤマトシジミが湖の水質浄化に大きな役割を果たしていることを書きます。

湖沼の富栄養化の原因は陸域から栄養塩の窒素、リンが湖内に流入し、植物プランクトンがその窒素、リンを取り込み、異常繁殖することに起因しています。

ヤマトシジミはその植物プランクトンを餌として体内に取り込みます。そのヤマトシジミを漁獲することは、栄養塩の窒素、リンを湖から取り除くことになります。

私の試算ではシジミ漁業による湖から窒素の系外への持ち出し量は一日に約二百キログラム。一年では七十三トンが湖から外へ除去されていることになります。

一般的に、富栄養化の原因である窒素やリンが湖に流入するのを防ぐためには、下水処理場など大規模な設備と莫大（ばくだい）な費用が必要です。

また、一度湖に流入した窒素やリンを除去する有効な手段は今のところありません。

しかし、シジミ漁業は産業として成り立つばかりでなく、宍道湖の水質を浄化するという素晴らしい役割を果たしていますが、この事実は意外と知られていません。

さらに、ヤマトシジミは入水管から水を吸い込み水中の植物プランクトンを主とした懸濁物をえらでろ過し、餌として体内に取り込みます。一グラムのシジミ一個が入水管から一時間に百七十ミリリットルもの水を取り入れます。

つまり、宍道湖の三万千トンのシジミは一時間に五十三億リットルの水をろ過することになり、三日間で宍道湖の水を全部ろ過する計算になります。従って、宍道湖の水をろ過することによって水の透明度などが高くなり、宍道湖の水質浄化に大いに役立っています。

例えば次のような実験をするとそのろ過作用を実感できます。植物プランクトンが繁殖し青くなった水を水槽に入れ、その中にシジミを入れると、数時間後にはシジミのろ過作用によって水が透明になります。

ヤマトシジミの漁業による栄養塩の系外への持ち出し、ヤマトシジミろ過作用などによってヤマトシジミが宍道湖の水質浄化に実に大きな役割を果たしていることをお分かりいただけたかと思います。

（日本シジミ研究所・中村幹雄所長）

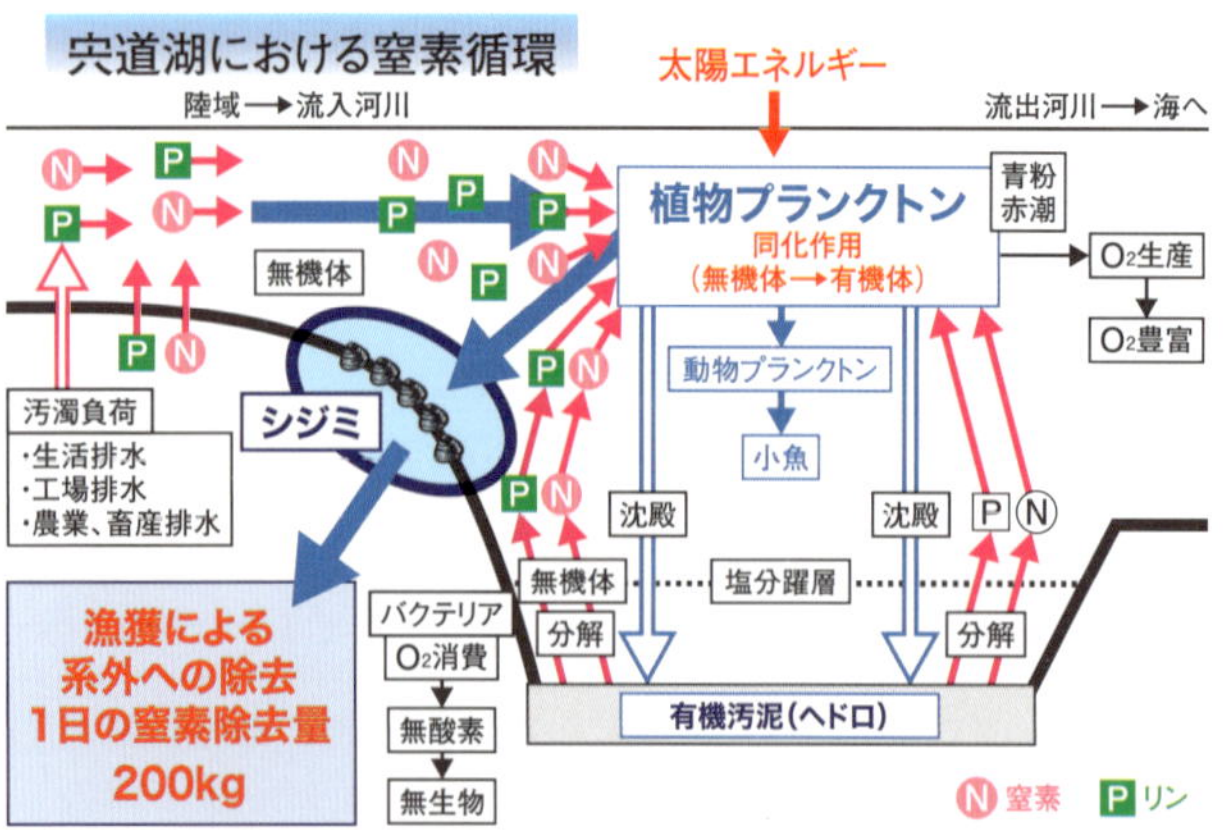

2006年12月26日付掲載

ヤマトシジミ⑥

全国漁獲量の45・6%占める

シジミは湖沼における最も重要な水産生物です。日本の河川湖沼ではアユをはじめウナギやコイなどいろいろな魚が漁獲されますが、その全国総漁獲量は四万三百三十三トンです。そのなかで最もたくさん漁獲されるのはアユやウナギではなく、ヤマトシジミで一万六千二百三十四トン、全体の40・2%も取れています（図参照）。

宍道湖で漁獲されるヤマトシジミは七千四百トンで、全国で採れるヤマトシジミの45・6%を占めます（図参照）。また宍道湖の総漁獲量の94・5%がヤマトシジミです。

このようにヤマトシジミは湖沼漁業生物としては別格の位置を占めています。宍道湖漁業ではこれ以上なく大切なものであり、万が一ヤマトシジミがいなくなれば宍道湖の漁業は消滅すると思います。

昭和四十五年に全国で約五万五千トンあったヤマトシジミの漁獲量も年々減少を続け、平成十六年には約一万六千トンにまで激減してしまいました（図参照）。この原因は河川における河口堰（ぜき）、汽水湖の淡水化、湖の富栄養化の進行など人為的改変によるものと思われます。

宍道湖においては最近は減少傾向が食い止められていますが、他の河川や湖沼のようにならないために汽水湖としての自然環境保全に努めなければならないと思われます。

一方、ヤマトシジミの価格は漁獲量が減少するのに反比例して急上昇し続けてきました。約五万トンが漁獲されていた昭和四十年当時の価格は驚くほど安く一キロ当たり十〜二十円でした。当時「シジミは採っても採ってもわいてくるといわれ、船が沈むほど採った。しかしシジミは安くてあまりもうけにはならなかった」と古い漁師さんがよく話されます。

他の水産物の価格が低迷している中で、シジミの価格は上昇の一方です。これは漁獲量の減少と特にシジミの持っている健康食品としての価値が評価され、需要の増大によるものだと思われます。

次週は宍道湖のシジミ漁業についてお話しする予定です。

（日本シジミ研究所・中村幹雄所長）

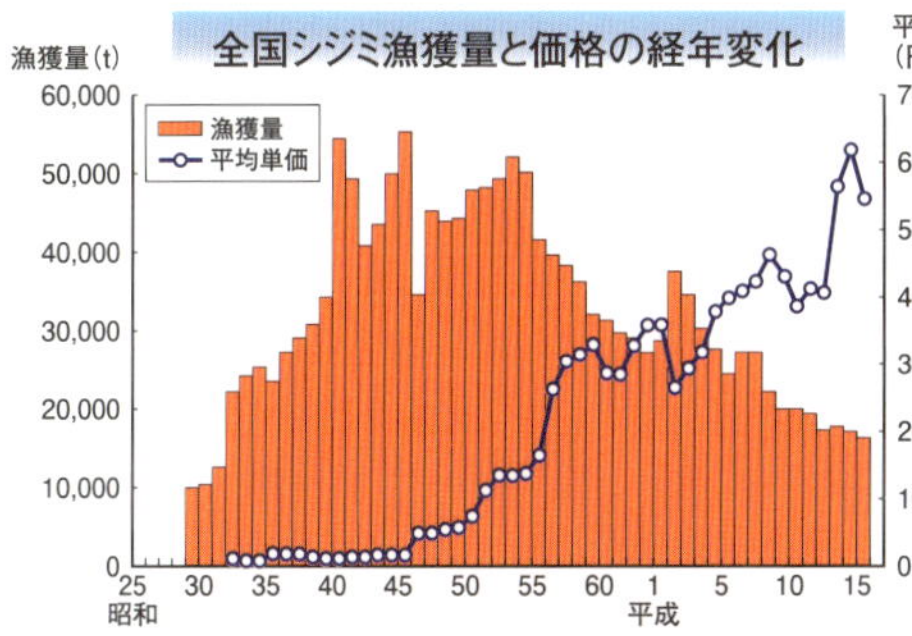

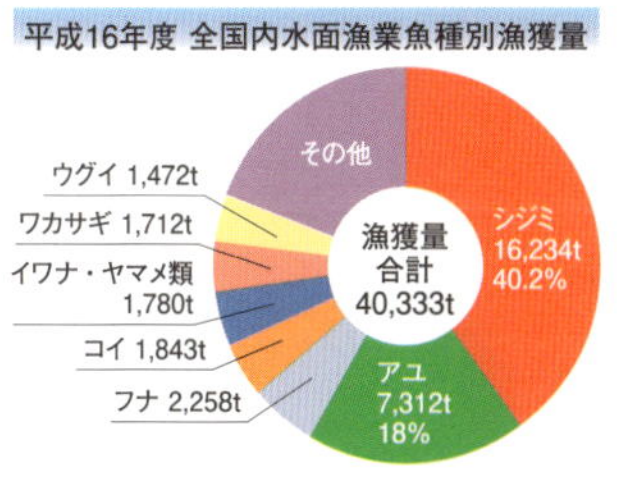

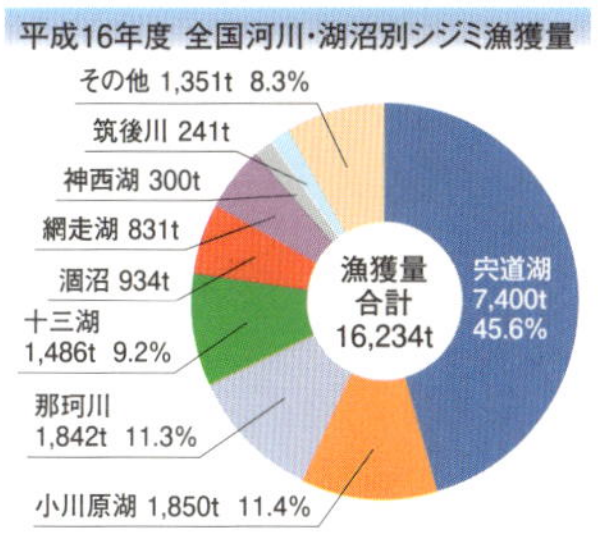

2007年1月16日付掲載

ヤマトシジミ⑦

資源保護へ種々の規則

(日本シジミ研究所・中村幹雄所長)

宍道湖においてシジミ漁業を行っているのは宍道湖漁業協同組合(以下漁協)です。組合員数は千百五十一人、そのうちシジミの漁業権を収得している漁業者は二百九十四人です。

シジミの漁獲には、爪(つめ)のついた篭(かご)に竿(さお)をつけたジョレンと呼ばれる漁具を用いています。

そのジョレンの使用方法によって手掻(か)き操業、縄かけ操業(機械掻き)、入り掻き操業と呼ばれる三つの方法がとられます。

手掻き操業は、舟を止めたまま、人の力のみでジョレンを曳(ひ)く方法であり、縄かけ操業は、ジョレンの竿部の上下二カ所にロープを掛け、その先を舟に固定して、エンジンにより舟を走らせながらジョレンを曳く方法です。

さらに入り掻き操業は、漁業者は湖の中に入りジョレンを曳く方法です。縄かけ操業が一般的であり、手掻き、入り掻きは松江地区と玉湯の一部で行われています。

そして、この貴重なシジミ資源を乱獲から守るために宍道湖漁協で種々の漁業操業規則を定めています。

漁獲量の制限では、一九九八(平成十)年から規定のコンテナ二箱と定めています。二つのコンテナで約百五十キログラムです。違反者には厳しい罰則が科せられます。シジミを採捕するジョレンの篭の幅、奥行きはともに六十センチ、高さ三十五センチ以内に制限されています。

シジミ操業ができるのは月、火曜日と木、金曜日の週四日間だけです。週休三日制をとっています。

縄かけ操業は一日三時間、手掻き、入り掻き操業は一日に四時間以内と決められています。

操業開始時間も定められています。十一~三月は午前八時から、四、九、十月は午前七時から、五~八月は午前六時からと定められています。

保護区も制定されています。数カ所の一年保護区、夏場保護区、永年保護区などです。

このように宍道湖のシジミ資源を守るためいろいろな制限をして貴重なシジミ資源を守るべく努力をされています。

ヤマトシジミは宍道湖の宝物です。みんなでシジミ資源を守っていきたいものです。

(右)さまざまな資源保護対策がとられている宍道湖のシジミ漁、
(左)宍道湖でシジミ漁に使われるジョレン(いずれも日本シジミ研究所提供)

2007年1月23日付掲載

ヤマトシジミ⑧

健康支える純自然食品

漫画家の東海林さだおは、その著書の中でシジミについて以下のように述べています。

「シジミの味噌（みそ）汁はしみじみうまい。五臓六腑（ろっぷ）にしみわたる。特に肝臓のあたりにしみわたる。大酒を飲んだ翌朝のシジミ汁は特にうまい。飲んでいて、『たのむぞ』という気持ちになる。不思議なもので、アサリの味噌汁だと、『たのむぞ』という気持ちにはならない。豆腐の味噌汁でもならない。シジミのときだけ、そういう気持ちになる」

実にシジミの良さを表していると思います。

現代医学・栄養学の研究が進むにつれてわれわれの健康を支えてくれるのは特別な薬でも健康法でもなく、最も日常的な毎日の食事が重要であることが明らかになってきており、なかでも自然食品が見直されてきています。

シジミは化学肥料も農薬も全く使わない自然の恵みのみで大きくなる純自然食品なのです。

シジミは肝臓の守護神といわれています。

シジミに肝臓の働きを強化したり、改善したりする作用があるのは、主としてメチオニン、タウリン、ビタミンB12の働きによるものであるといわれています。なかでもメチオニンが最も強肝作用が強く、決め手となっています。

また傷ついた肝細胞を修復する働きのある必須アミノ酸は体内では合成されず、食物から摂取しなければなりません。シジミは必須アミノ酸がバランスよく含まれるプロテインスコア100の食品ですから、肝細胞の修復にも有効に作用するわけです。

また、現代人に不足しているカルシウム・鉄・ビタミンB12などの必須微量元素ミネラルが豊富に含まれています。

現代人の最も大きな栄養欠陥は食生活の変化などによるミネラル不足にあることは広く知られています。

汽水湖はミネラルの宝庫です。ミネラルは元来、大地や海水の中にあるものですが、雨が大地よりミネラルを川に流し、川はミネラルを湖に運んでいます。そのミネラルを養分にしてシジミは育つのです。それゆえ、シジミの体内にはあらゆるミネラルが豊富に含まれています。

（日本シジミ研究所・中村幹雄所長）

（写真上）シジミのすまし汁
（写真下）中華風シジミいため

2007年1月30日付掲載

ヤマトシジミ⑨

塩水の砂抜きでおいしく

わたしたちの実験ではシジミを淡水で飼育すると「うま味」が半減し、海水で飼育すると「うま味」が倍増することがはっきりわかりました。

水道水を満たした容器にシジミを入れて一時間おきにあらゆる成分の変化を調べました。うま味成分であるアミノ酸の変化を表に示しました。

その中で特にアラニン、グルタミン酸、グリシンが急激に減少することが分かりました。またその反対に海水を満たした容器にシジミを入れ同じように分析しました。すると驚くことにうま味成分が急激に増加しました。

この原因は環境水の塩分が高濃度（浸透圧が大）のときは体内の浸透圧を環境水の浸透圧と同じにするため、グリコーゲンなどを分解しアラニンを中心としたアミノ酸を増加させて体内浸透圧を高くし、環境水と同じ浸透圧に調節するという生体内での適応反応を起こすためです。

したがって、うま味を増やすために塩分を利用することが有効であることがわかりました。

シジミは料理の前に必ず砂抜きを行いますが、家庭でも、旅館や料理屋でも砂抜きに水道水（真水）を使用しています。また料理のテキストにも真水で砂抜きを行うように書いてあります。真水につけられたシジミはせっかくのうま味を失ってしまうのです。

そこで、シジミをおいしく食べたいと思う人は水道水での砂抜きをやめて、食塩を加えた水で砂抜きを行ってほしいと思います。塩分濃度は一リットルの水道水に約十グラムの食塩を入れたものをお薦めします。

また長期間保存するなら、冷凍することをお薦めします。シジミを前述した方法で砂出しした後、一回に使用する量だけを小分けしてビニール袋に入れ、乾燥しないように輪ゴムなどで密封します。

ほとんどの食品は新鮮なものほどおいしくて、冷凍すると味が落ちるものですが、うま味成分の分析結果から、空中放置や冷凍することによって、うま味は決して落ちることがないことがわかりました。

一度試してみてください。とってもおいしくて便利です。

（日本シジミ研究所・中村幹雄所長）

塩分によりシジミの「うま味」成分増加

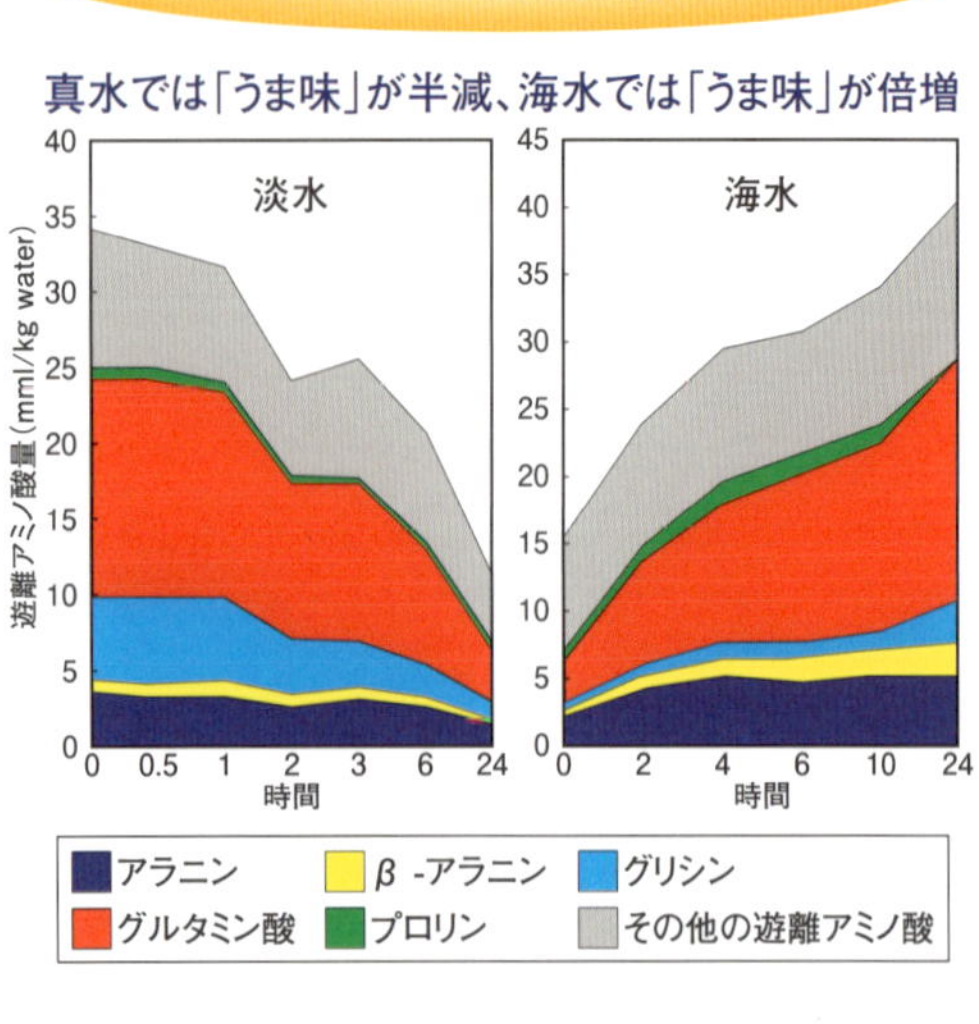

2007年2月6日付掲載

成長、季節に応じ場所選択

中海との水域移動

宍道湖・中海には、淡水魚、汽水魚、回遊魚、海産魚と多くの魚が入り交じって生活しています。宍道湖・中海に生息している魚の最大の特徴は、それぞれの魚がその生活史の中で、成長や季節に応じて生活場所を変えて生活していることです。ほとんどの魚が自分たちの環境に合った生活の場所を選択し、宍道湖、中海、日本海を移動して、生き抜いています（移動性の小さい貝類は生息する地域が限定）。

以下にそれぞれの魚の水域移動を、産卵、産卵場を中心とした生活史（産卵、成長）を通じてタイプ分けしてみました。

【グループ1】川で産卵し、宍道湖の特に西部で多く生活している。コイ、フナ、ウグイなど。

【グループ2】河川・河口で産卵し、宍道湖や中海で成長する。シラウオ、ワカサギ、イトヨなど。

【グループ3】宍道湖や中海で産卵し、両湖を行き来しながら成長する。サッパ、コノシロ、マハゼなど。

【グループ4】外海や美保湾で産卵し、中海さらに宍道湖に入り成長する。ボラ、スズキなど。

このように宍道湖でよく見られる魚でも、中海あるいは美保湾と非常に強い関係で結ばれています。中海あっての宍道湖であり、宍道湖や美保湾あっての中海なのです。したがって、二つの湖の環境保全や水産資源維持・増大を考えるとき、どちらも同じように重要に考えなければなりません。また両湖をつなぐ大橋川は両湖にとってまさに命綱といえるのです。

（日本シジミ研究所・中村幹雄所長）

(1)ワカサギ (2)ギンブナ
(3)コイ (4)シンジコハゼ
(5)シラウオ (6)スズキ
(7)ウナギ (8)マハゼ (9)ボラ
(10)サッパ (11)ヤマトシジミ
(12)サルボウガイ (13)クロソイ
(14)サンゴタツ (15)アカエイ
(16)コノシロ (17)ヒイラギ
(18)カタクチイワシ (19)ヒラメ
(20)マゴチ (21)クサフグ
(22)サヨリ
(日本シジミ研究所提供)

2007年2月20日付掲載

エピローグ

自然環境の保全、復元を考えて

本日で本連載を終了することになりました。二〇〇五年五月十日からスタートした「中海の魚たち」（火曜日掲載）から数えると、約二年間という長い連載となりました。ご愛読ありがとうございました。

日本シジミ研究所は、数年前から毎月、宍道湖・中海の多くの地点で定置網、刺し網、カゴ、さらに潜水による調査を続け、何千匹もの魚たちを調べています。私たちの調査から得たデータや漁師さんから聞いた話をもとに、そこにはどんな魚が棲（す）んでいるのか、その魚の名前は何か、形態的特徴は何か、どのように分布、回遊しているのか、何を食べているのか、どのように子どもを産んで育てているのか、どのように漁獲されるのか、そしてどのように料理すればその魚がおいしく食べられるのか、についてできるだけ平易に、分かりやすく書くことに努めました。

毎週、原稿を書くのは苦しい作業でした。しかし、私たちにとっても大いに勉強になりました。

使用した標本写真は、国土交通省出雲河川事務所から委託された調査で採捕した魚介類を日本シジミ研究所、森久拓也主任研究員が写したものです。また、さまざまな教えを受けた中海および宍道湖漁業協同組合のベテラン漁師さんにはあらためて、お礼を申し上げます。

本連載で一人でも多くの人が宍道湖・中海の魚たちに親しみと理解を持ち、両湖の自然環境の保全や復元を考えていただけることを期待し、筆を置きます。

（日本シジミ研究所スタッフ一同）

＝おわり＝

2007年2月27日付掲載

あとがき

2024年4月に「汽水湖の恵み　シジミ物語」を発刊しましたが、引き続いて「宍道湖・中海のさかな物語」を出版することができました。

無事、本書を出版することができたのは、ひとえに日本シジミ研究所の研究員のおかげと感謝しております。また、長年にわたり、国土交通省中国地方整備局出雲河川事務所から「中海宍道湖魚介類モニタリング調査」の委託をいただきました。そのおかげで現場の調査を続けることができており、心より感謝を申し上げます。

山陰中央新報社には、貴重な紙面を提供いただき、私どものつたない原稿を温かい気持ちで受け入れ、長期にわたって連載してもらいました。本書の出版にあわせ、編集作業でお労をお掛けした出版コンテンツ部の杉原一成さんに厚くお礼を申し上げます。

文中の素晴らしい挿絵は私の中学校の同級生福田穎秄君、きれいな魚介類の写真は日本シジミ研究所の森久拓也氏にお世話になりました。ありがとうございました。

ここに全ての人々のお名前を挙げてお礼を申し上げることはできませんが、お世話になった皆さまに心より厚くお礼申し上げます。

2025年4月22日
83歳の誕生日にて

中村　幹雄

著者プロフィール

中村　幹雄（なかむら・みきお）

水産学博士・日本シジミ研究所所長

1942年　島根県に生まれる
1967年3月　北海道大学水産学部水産増殖学科卒業
10月　日本青年海外協力隊に入隊　ケニア派遣
1970年4月　島根県水産試験場に採用
1997年4月　島根県内水面水産試験場　場長
12月　水産学博士取得（北海道大学）
2002年5月　日本シジミ研究所設立

主な著書　『汽水湖の恵み　シジミ物語』日本シジミ研究所
『講演集　川那部生態学に学ぶ』日本シジミ研究所
『シジミ学入門』日本シジミ研究所
『宍道湖と中海の魚たち』（編著）山陰中央新報社
『日本のシジミ漁業』（編著）たたら書房
『神西湖の自然』（共著）たたら書房
『宍道湖の自然』（共著）山陰中央新報社
『汽水域の科学』（共著）たたら書房

宍道湖・中海のさかな物語

2025年4月22日　初版発行

著　者　中村　幹雄
発　行　日本シジミ研究所
〒699-0204 松江市玉湯町林1280-1
電話0852-62-8956
販　売　山陰中央新報社
〒690-8668 松江市殿町383
電話0852-32-3420（出版コンテンツ部）
印　刷　まつざき印刷株式会社
製　本　株式会社オータニ

ISBN978-4-87903-266-9　C0045　2000E